大研究

カイコ図《ず》鑑《かん》

生《せい》態《たい》から飼《し》育《いく》方《ほう》法《ほう》、歴《れき》史《し》まで。
カイコのひみつが
すべてわかる！

監修　東京農工大学　蚕学研究室
横山岳

国土社

もくじ

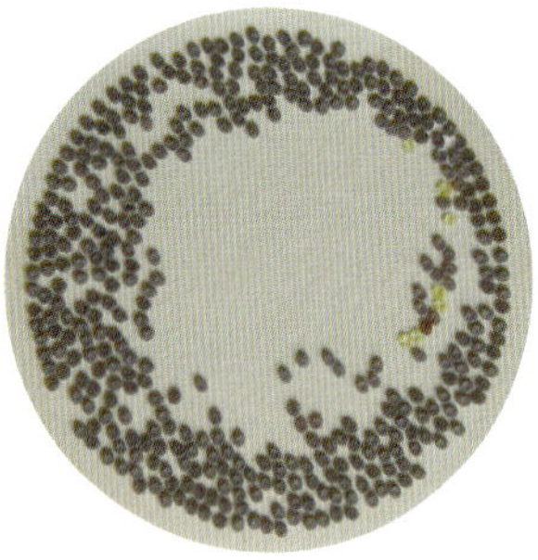

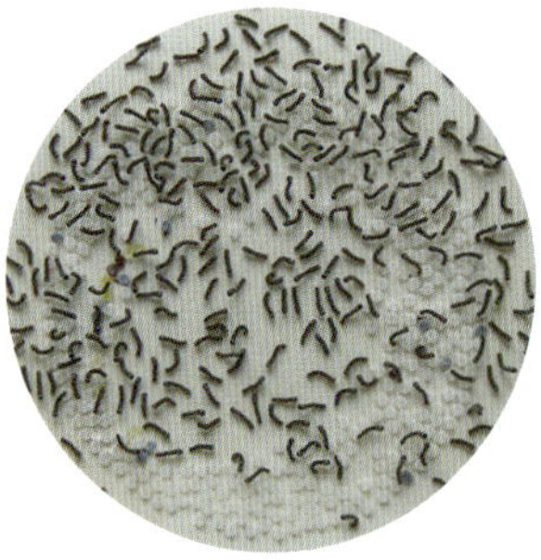

1章《しょう》　カイコって、どんな生《い》きもの？

2章《しょう》　カイコの生態《せいたい》

2章《しょう》　カイコの生態《せいたい》 つづき

もくじ

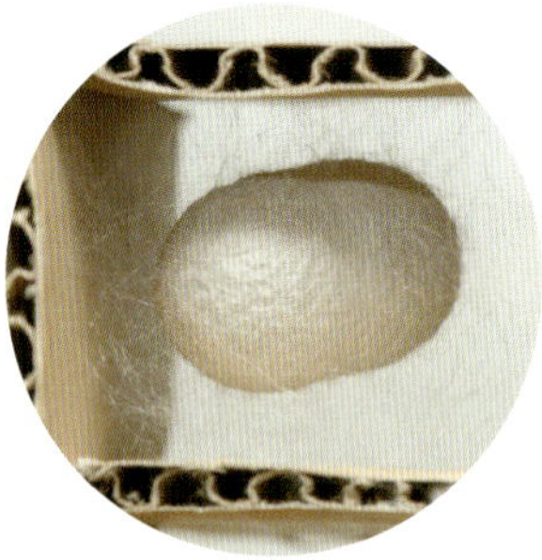

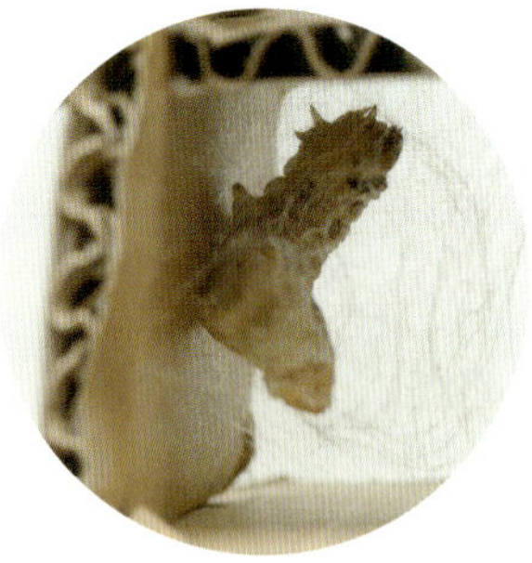

3章《しょう》　やってみよう！

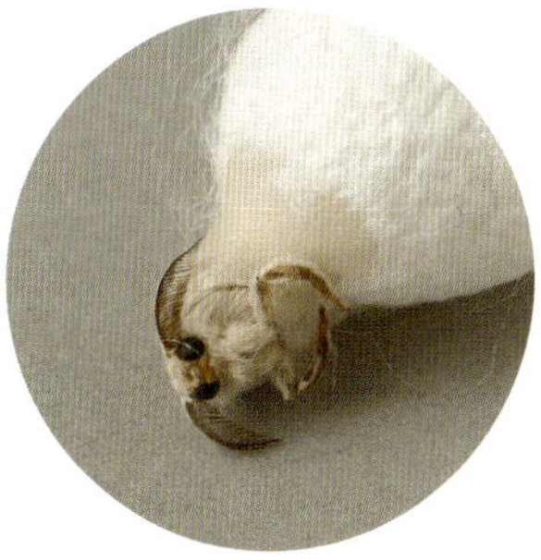
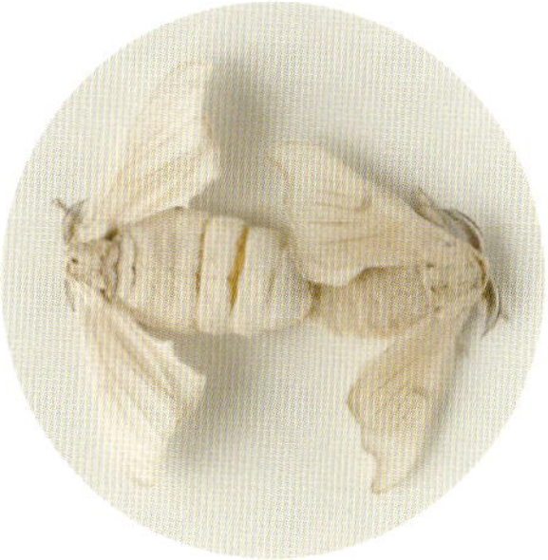
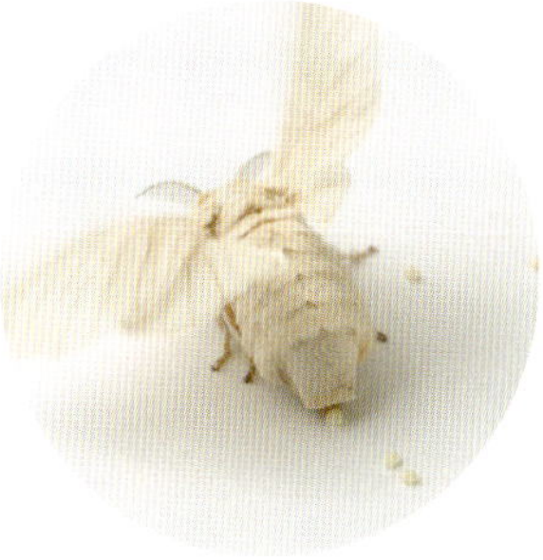

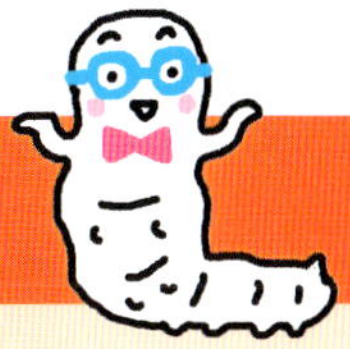

4章《しょう》 カイコの歴《れき》史《し》

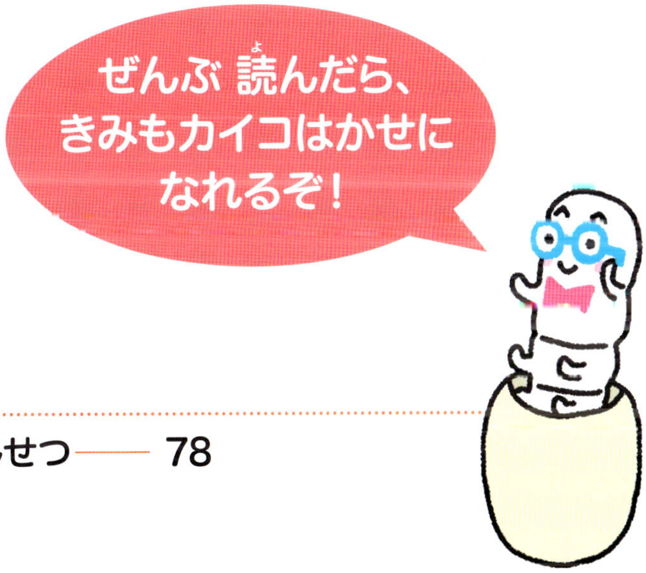
ぜんぶ 読《よ》んだら、
きみもカイコはかせに
なれるぞ！

カイコって、なに？

カイコは、虫《むし》だ。足《あし》が６本《ぽん》ある、こん虫《ちゅう》のなかまだ。カイコがどんなすがたをしているか、みたことはあるかな？　白《しろ》っぽいイモムシみたい？　それとも、白《しろ》いガ？　まっ白《しろ》なマユ？　カイコは、「完全変態《かんぜんへんたい》」つまり、成長《せいちょう》にあわせて変身《へんしん》するこん虫《ちゅう》で、卵《たまご》からかえって幼虫《ようちゅう》になり、そのあとサナギをつくって、成虫《せいちゅう》になる。だから、カイコといっても、いろいろなすがたをしているんだよ。

そして、なによりカイコが有名《ゆうめい》なのは、口《くち》からはく糸《いと》だ。その糸《いと》が絹《きぬ》というせんい*でできているために、人間《にんげん》にずっとかわれてきたんだ。

卵《たまご》

おかあさんカイコは、いちどにおよそ 500 コの卵《たまご》をうむ。ひとつの卵《たまご》は、直径《ちょっけい》１mmぐらいのだえん形《けい》をしている。

幼虫《ようちゅう》

卵《たまご》からかえったカイコの幼虫《ようちゅう》は、だっぴをくりかえしながら、大《おお》きくなっていく。エサはクワの葉《は》。

マユ

幼虫《ようちゅう》から成虫《せいちゅう》になるとき、カイコはサナギになる。そのとき、サナギをまもるために、糸《いと》をはいてマユをつくる。絹《きぬ》はこのマユからとられるんだよ。

成虫《せいちゅう》

マユになってから、およそ２週間《しゅうかん》ほどで、カイコは羽化《うか》*して成虫《せいちゅう》になる。成虫《せいちゅう》は「カイコガ」というよ。ガではあるけれど、とぶことはできない。

*せんい…糸《いと》のようなもの。布《ぬの》や紙《かみ》をつくる原料《げんりょう》になる　*羽化《うか》…幼虫《ようちゅう》やサナギが成虫《せいちゅう》になること

カイコは中《ちゅう》国《ごく》うまれ

カイコは、クワコとよばれる虫《むし》と同《おな》じ先祖《せんぞ》をもっている。そのご先祖《せんぞ》さまを、いい糸《いと》がもっとたくさんとれるよう改良《かいりょう》したものがカイコで、野《や》生《せい》のまま生《い》きのこってきたのがクワコなんだ。カイコのルーツは、およそ4500年前《ねんまえ》。中国《ちゅうごく》の黄《こう》帝《てい》という王《おう》さまが、カイコをかって糸《いと》をとること（養蚕《ようさん》）をはじめたといわれている。日本《にっぽん》には、弥生《やよい》時代に、朝鮮半島《ちょうせんはんとう》から伝《つた》わってきた。

カイコの親《しん》せき　クワコ

かちくの中《なか》のかちく

ものをはっきりみわけることができないし、においをかぎわける力《ちから》も弱《よわ》いので、野《の》にはなたれたら、じぶんではクワの葉《は》をみつけることができないよ

足《あし》の力《ちから》も弱《よわ》いから、風《かぜ》にふかれたら葉《は》っぱから、かんたんにおちてしまうよ

はねはあるけれど、とべないよ

「かちく」ってしっているかな？　かちくといわれたら、まず、ブタやウマ、イヌやネコなどが思《おも》いうかぶだろう。人間《にんげん》がたべたり、道具《どうぐ》としてつかったり、かわいがったり……。つまり、かちくというのは、人間《にんげん》が利用《りよう》するために、かいならしてきた動物《どうぶつ》のことだ。カイコもかちくだ。

しかも、カイコは野生《やせい》ではぜったいに生《い》きていけないように改良《かいりょう》されてきた。カイコは、人間《にんげん》の手《て》がなかったら、エサであるクワの葉《は》をみつけることも、敵《てき》からにげることも、子孫《しそん》をのこすこともできない。かちくの中《なか》のかちくなんだよ。

カイコはかせのマメ知《ち》識《しき》

カイコは 1ぴき？ 1頭《とう》？

こん虫《ちゅう》をかぞえるときは、どうやってかぞえる？　ふつう、アリが1ぴき、2ひき……というぐあいに、「ひき」をつかってかぞえるよね。

でも、カイコをかぞえるときは、「1頭《とう》」「2頭《とう》」とかぞえるんだ。理由《りゆう》にはいろいろな説《せつ》があるけれど、カイコはかちくだから、ほかのかちくのように「頭《とう》」をつかうといわれているよ。

クローズアップ これがカイコの幼虫《ようちゅう》だ！

頭《あたま》

カイコの頭《あたま》はとても小《ちい》さい。けんび鏡《きょう》や虫《むし》めがねをつかわないと、よくみえないよ。

眼《がん》状《じょう》紋《もん》

名《な》まえのとおり、目《め》みたいにみえるけれど、ただのもようだよ。鳥《とり》やほかの虫《むし》をおどかすためのもようなんだ。

半《はん》月《げつ》紋《もん》

かけたお月《つき》さまみたいな形《かたち》のもよう。敵《てき》をおどかすためのもようともいわれているが、くわしくはわからない。種類《しゅるい》によって、もようはちがう。

口《くち》

目《め》

カイコの幼虫《ようちゅう》は「単眼《たんがん》」という小《ちい》さな目《め》を頭《あたま》の左右《さゆう》にそれぞれ6コずつもっている。人《にん》間《げん》の目《め》のように、ものをはっきりみわけることはできないよ。

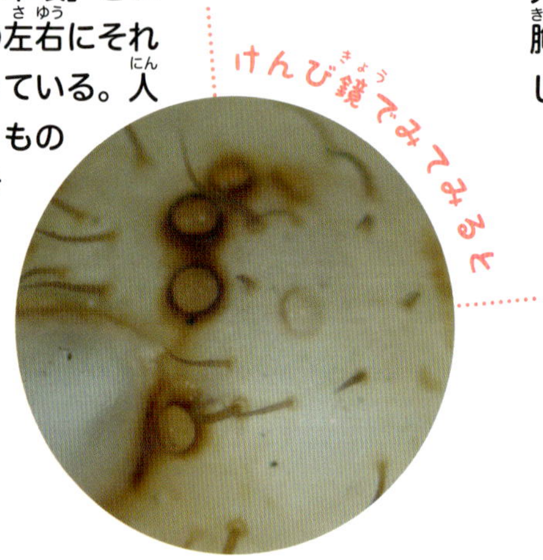

胸《きょう》脚《きゃく》

先《さき》が細《ほそ》くなっている。左右《さゆう》の胸《きょう》 脚《きゃく》でクワの葉《は》をつかみ、じょうずにたべるんだ。

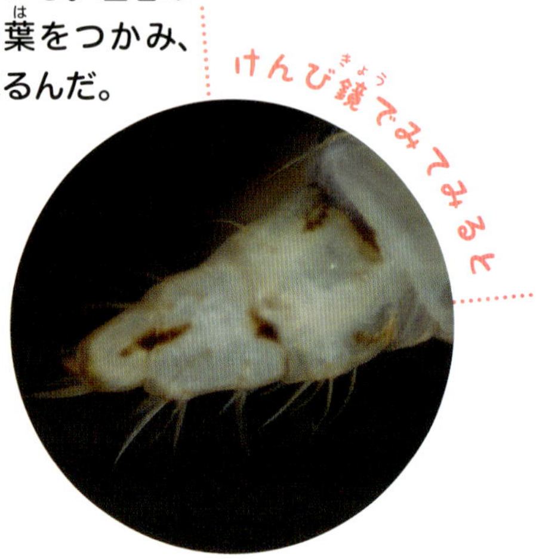

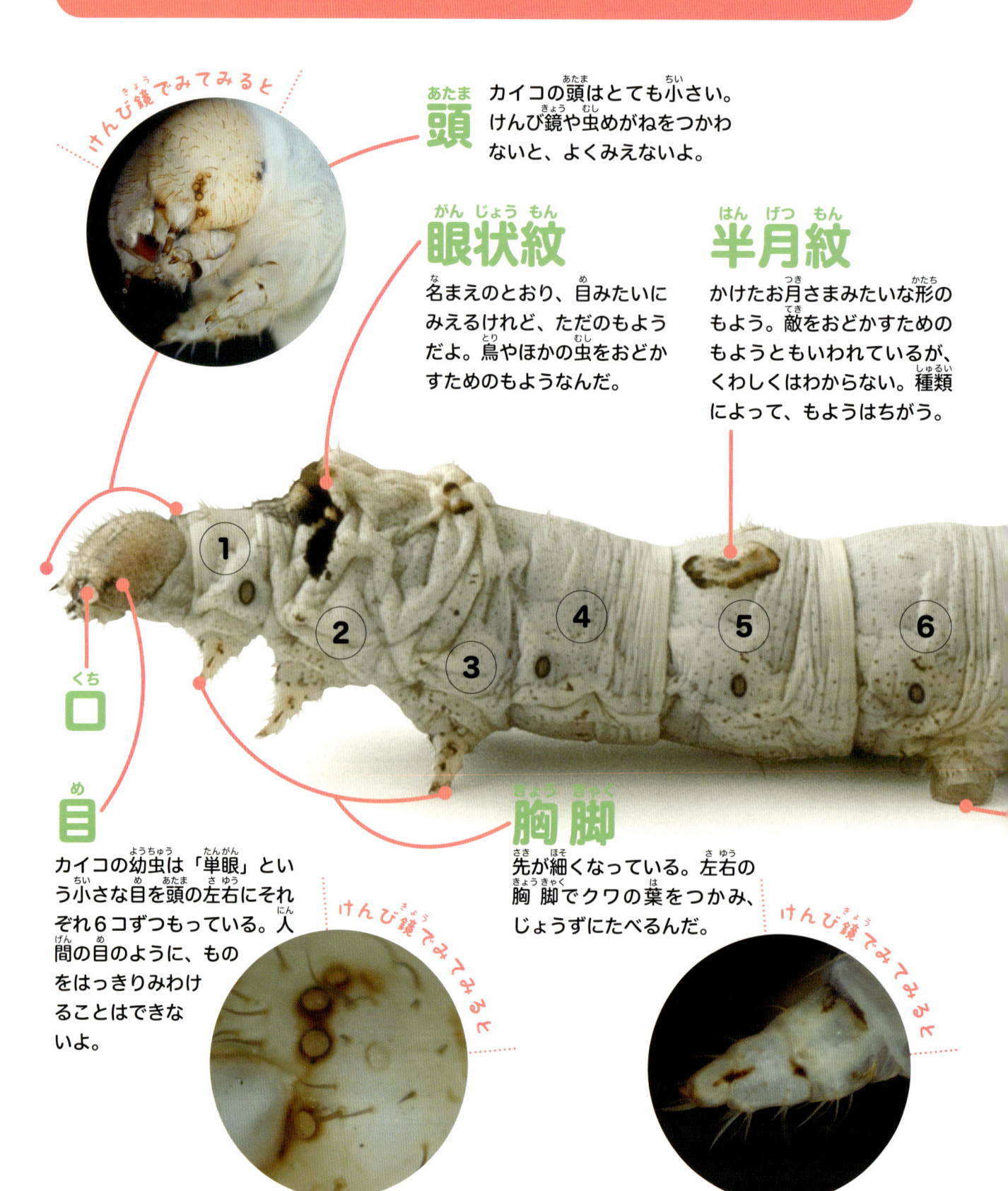

カイコはマユをつくるまで、幼虫《ようちゅう》のすがたですごす。下《した》の写真《しゃしん》は、もうすぐマユをつくってサナギになるころのカイコ幼虫《ようちゅう》だ（じっさいの大《おお》きさは６センチぐらいだよ）。からだは13のふしにわかれていて、胸《むね》のところに６本《ぼん》、はらのところに８本《ぼん》、おしりのところに２本《ほん》、あしがある。その16本《ぼん》のあしで、ゆっくりゆっくり歩《ある》くんだ。

1～3 のふし……胸《むね》

4～13 のふし……はら

からだ全体《ぜんたい》に短《みじか》い毛《け》がはえているよ。でもけんび鏡《きょう》でみないとわからない

けんび鏡《きょう》でみてみると……

星状紋《せいじょうもん》

星《ほし》の形《かたち》のようにみえるもよう。なぜもようがあるのか、半月紋《はんげつもん》とおなじように、よくわかっていない。もようの形《かたち》は種類《しゅるい》によってちがう。

気門《きもん》

ここから空気《くうき》をとりいれる。そのまま黒《くろ》くて細《ほそ》い管《くだ》（気管《きかん》）につながっていて、からだ全体《ぜんたい》に空気《くうき》がいきわたるんだよ。

尾角《びかく》

おしりのあたりからつきだしている角《つの》のようなもの。とくにつかい道《みち》はない。なぜこんな角《つの》があるのかは、よくわかっていないんだ。

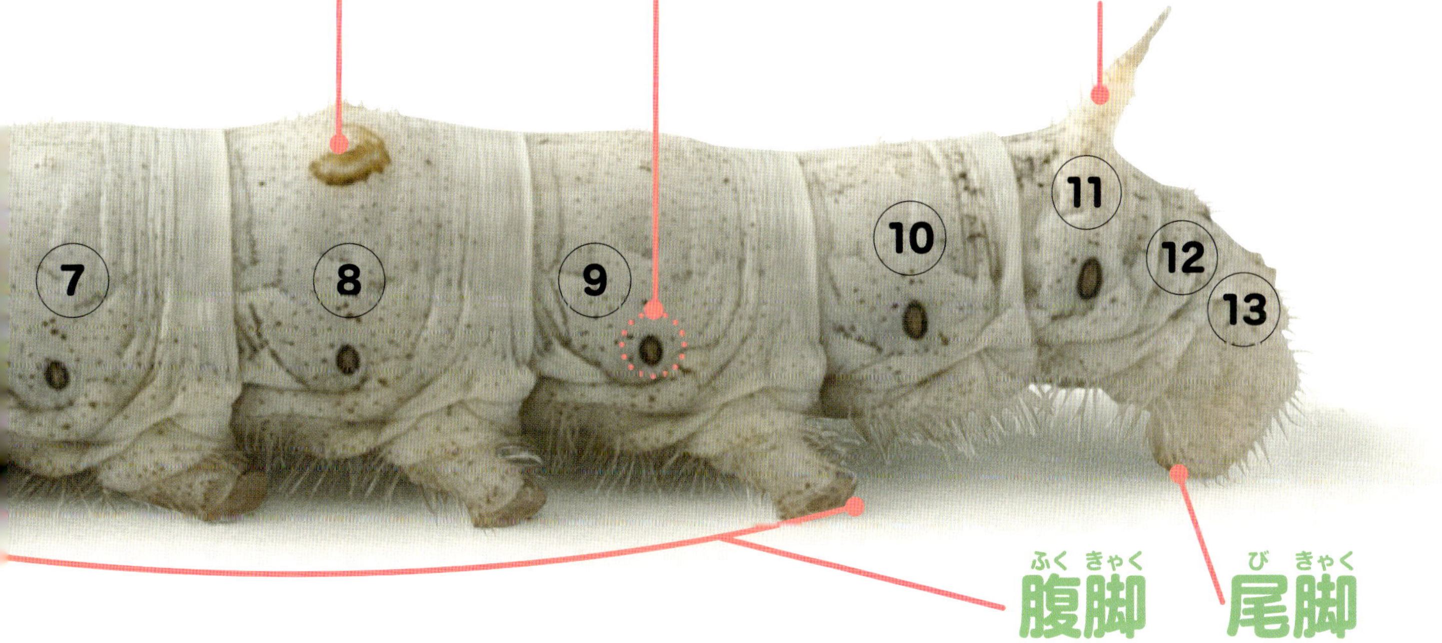

腹脚《ふくきゃく》　尾脚《びきゃく》

あしの先《さき》のきゅうばんとかぎ爪《づめ》でクワの葉《は》などにくっついている。成虫《せいちゅう》になると、このあしはなくなるよ。

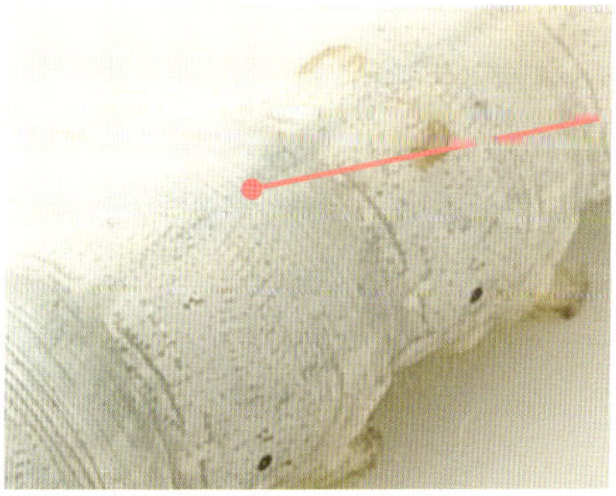

背脈管《はいみゃくかん》

せなかにみえる、管《くだ》。心《しん》ぞうのやくめをはたしていて、うしろから前《まえ》へ、血《ち》をドクドクおくりだしている。

けんび鏡《きょう》でみてみると……

皮《かわ》をぬいで……変《へん》身《しん》！

前《まえ》に説明《せつめい》したとおり、カイコはだっぴをくりかえして大《おお》きくなっていく。まずは、幼虫《ようちゅう》のときに、4回《かい》。そのあとは、幼虫《ようちゅう》からサナギになるとき。さらに、羽化《うか》もだっぴの一種《いっしゅ》なので、カイコは一生《いっしょう》のうちに6回《かい》、だっぴをするんだ。

1令《れい》から4令《れい》までのカイコ　大《おお》きさくらべ

　卵《たまご》からかえったカイコは1令《れい》のカイコとよばれる。そのあと、1回《かい》、だっぴをすると、2令《れい》、またたっぴをすると、3令《れい》……というぐあいに、だっぴをするごとに、年《とし》をとっていく。

　左《ひだり》のイラストをみてごらん。卵《たまご》→1令《れい》→2令《れい》→3令《れい》→4令《れい》→5令《れい》と、ぐんぐん大《おお》きくなっていくのがわかるね。うまれたてのカイコと5令《れい》のカイコをくらべると、からだの大《おお》きさは約《やく》15000倍《ばい》。このあいだ、およそ25日《にち》～30日《にち》だ。

だっぴの前《まえ》のぎしき

　だっぴをする前《まえ》に、カイコがじっとうごかなくなる時期《じき》がある。頭《あたま》を高《たか》くもちあげて、まるでねむっているようなので、「眠《みん》」とよばれているよ。およそ1日《にち》～2日《か》、じっとしている。このあいだ、カイコのひふの下《した》では、ちゃくちゃくとあたらしいひふがじゅんびされているんだね。

眠《みん》にはいっているカイコ

マユをつくって、サナギに

カイコのサナギをみたことがある人《ひと》はすくないかもしれない。というのも、カイコはサナギになる前《まえ》に、まずマユをつくって、マユの中《なか》でサナギになるからだ。

サナギのあいだはまったくうごけないから、マユで身《み》をまもっているんだ。

マユ［実物大《じつぶつだい》］

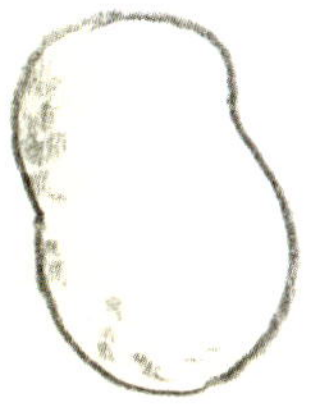

中《なか》を
のぞくと

サナギ［実物大《じつぶつだい》］

マユはたった1本《ぽん》の
糸《いと》でできている。
このマユから絹《きぬ》の糸《いと》を
とるんだよ

糸《いと》をとるときは
マユをゆでるので
中《なか》のサナギは死《し》んじゃうよ

そして、成虫《せいちゅう》に！

サナギになってから10日《か》ほどすると、カイコは羽化《うか》して、成虫《せいちゅう》になる。まずマユの中《なか》で、サナギからでると、成虫《せいちゅう》はそのまますぐに、マユをおしひろげながら、外《そと》にでてくる。ほとんどのカイコは、糸《いと》をとるために、マユをにられて死《し》んでしまうから、成虫《せいちゅう》になれるのはごくわずか。卵《たまご》をうませるのにひつような頭数《とうすう》だけだ。

成虫《せいちゅう》［実物大《じつぶつだい》］

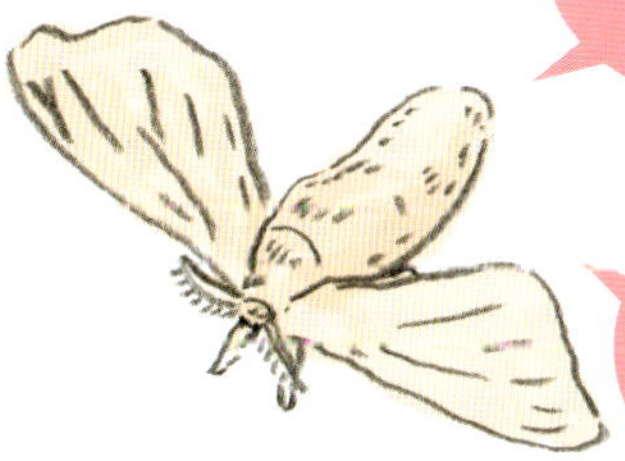

目《め》はあまり
みえない

口《くち》はあるけれど
死《し》ぬまで
なにもたべないし
のまない

カイコの成虫《せいちゅう》には、はねがあるけれど、とべない。成虫は交尾《こうび》して、卵をうむと、あとはなにもしないで、死《し》ぬのをまつだけだ。羽化《うか》してから1週間《しゅうかん》ほどで死《し》んでしまうよ。

交尾《こうび》*をして産卵《さんらん》

卵《たまご》［実物大《じつぶつだい》］

500コぐらい、
それぞれ
かさならないように、
うまく
うむんだよ

カイコはかせのマメ知識《ちしき》

歴史《れきし》の本《ほん》にもとうじょうするカイコ

カイコはさまざまな歴史《れきし》の本《ほん》にとうじょうしている。

中国《ちゅうごく》の歴史書《れきししょ》『魏志倭人伝《ぎしわじんでん》』の中《なか》では、当時《とうじ》の日本《にっぽん》にあった邪馬台国《やまたいこく》の女王《じょおう》卑弥呼《ひみこ》から魏《ぎ》の国《くに》へ絹《きぬ》がおくられたと書《か》かれている。また、日本《にっぽん》でいちばん古《ふる》い歴史《れきし》の本《ほん》『古事記《こじき》』やそのあとに書《か》かれた『日本書紀《にほんしょき》』にも、カイコにまつわる神話《しんわ》がでているよ。

死《し》んだ神《かみ》さまのまゆげからカイコがうまれた
(『日本書紀《にほんしょき》』より)

*交尾《こうび》　子孫《しそん》をのこすために、オスとメスが、たがいのからだの一部《いちぶ》（生殖器《せいしょくき》→43ページ参照《さんしょう》）をつなぎあわせること

命《いのち》のサイクル

卵《たまご》からうまれて、だっぴをくりかえして大《おお》きくなり、サナギから成虫《せいちゅう》になり、つぎの世代《せだい》の卵《たまご》をうむ……そのあいだ、およそ1カ月半《げつはん》から2カ月《げつ》。だいたいカとおなじくらいのじゅみょうだ。カイコの一生《いっしょう》はとてもみじかいんだね。

卵《たまご》

ふ化《か》*

産卵《さんらん》

うまれてから死《し》ぬまで、およそ1カ月半《げつはん》～2カ月《げつ》

（温度《おんど》によって、発育《はついく》のスピードはかわるよ）

交尾《こうび》をしてから数時《すうじ》間《かん》すると、卵《たまご》をうみはじめる

羽化《うか》がおわって、はねがかわいたら、すぐ

交尾《こうび》

マユが完成《かんせい》してから10～14日《にち》

羽化《うか》

＊ふ化《か》　卵《たまご》からかえること

およそ3〜4日《にち》で、じっとうごかなくなり、1日《にち》ぐらいしてから古《ふる》い皮《かわ》をぬぐ

だっぴして大《おお》きくなる

ふ化《か》した幼虫《ようちゅう》は1令《れい》とかぞえられる。

だっぴ

およそ3〜4日《にち》

だっぴ

およそ3〜4日《か》

だっぴ

およそ4〜5日《にち》じっとうごかなくなる時間《じかん》も長《なが》くなる

5令《れい》になってからおよそ5〜7日《にち》すると、糸《いと》をはきはじめる

だいたい2〜3日《にち》かけてマユをつくる

カイコの1年《ねん》

自然《しぜん》の温度《おんど》にいるカイコは、卵《たまご》のじょうたいで冬眠《とうみん》し、春《はる》、あたたかくなってきてからふ化《か》して、初夏《しょか》に産卵《さんらん》する。そのときうまれた卵《たまご》は、つぎの春《はる》までかえらないものと、すぐにふ化《か》するものにわかれる。そして、ふ化《か》したカイコは、秋《あき》に産卵《さんらん》する。カイコが生《い》きている期間《きかん》はちょうど、エサであるクワの葉《は》がある期間《きかん》とかさなるね。
自然《しぜん》のじょうたいにおいたカイコの1年《ねん》を表《ひょう》にしてみたので、みてみよう。

3月《がつ》
2月《がつ》
1月《がつ》
12月《がつ》
11月《がつ》
10月《がつ》

この卵《たまご》は自然《しぜん》にほうっておいたら、つぎの年《とし》の春《はる》までふ化《か》しない。

けれど、2～3カ月以上《げついじょう》、低温《ていおん》においてから、25℃のかんきょうをつくってやると、春《はる》になったとかんちがいして、2週間《しゅうかん》ほどでふ化《か》する。

また、塩酸《えんさん》につけても、2週間《しゅうかん》でふ化《か》する。いまはこの方法《ほうほう》で、1年《ねん》じゅういつでもカイコをふ化《か》させることができるんだ。

ふ化《か》
幼虫《ようちゅう》
マユ
成虫《せいちゅう》に
なる
羽化《うか》
4月《がつ》
5月《がつ》
産卵《さんらん》
つぎの年《とし》の
春《はる》まで
ふ化《か》しない
2〜3日後《にちご》
6月《がつ》
卵《たまご》
2週間《しゅうかん》
くらいで
ふ化《か》
クワの葉《は》が
ある
7月《がつ》
ふ化《か》
ふ化《か》する2〜3日前《にちまえ》に、
卵《たまご》に青黒《あおぐろ》い点《てん》が
あらわれる。全体《ぜんたい》が
青《あお》っぽくなってきたら、
もうすぐふ化《か》する
合図《あいず》だよ
8月《がつ》
幼虫《ようちゅう》
9月《がつ》
マユ
ふ化《か》してから
20〜25日《にち》で
マユづくりスタート
羽化《うか》
マユづくりから
15〜20日《にち》で羽化《うか》
成虫《せいちゅう》に
なる
産卵《さんらん》
卵《たまご》

カイコはかせのマメ知識《ちしき》

卵《たまご》は2種類《しゅるい》

カイコの卵《たまご》には、つぎの年《とし》の春《はる》までふ化《か》しないもの（休眠卵《きゅうみんらん》というよ）と、2週間《しゅうかん》もすればふ化《か》するもの（非休眠卵《ひきゅうみんらん》というよ）がある。春《はる》にうまれたカイコは、休眠卵《きゅうみんらん》をうむものと、非休眠卵《ひきゅうみんらん》をうむものにわかれるけれど、夏《なつ》から秋《あき》にうまれたカイコはほとんど、休眠卵《きゅうみんらん》しかうまない。

卵《たまご》のみわけかたは、つぎのページをみてみよう。

注目！

カイコは15℃の気温《きおん》の中《なか》ではうごきや成長《せいちょう》がにぶくなるし、もっと低温《ていおん》になると、活動《かつどう》を休止《きゅうし》してしまう。反対《はんたい》に、夏《なつ》、あまりあついと、病気《びょうき》にかかりやすくなるよ

カイコの成長《せいちょう》～卵《たまご》

カイコの卵《たまご》をみたことがあるかな？　ひとつひとつはとても小《ちい》さいだえん形《けい》をしていて、まるでなにかのつぶみたいだ。そのつぶつぶがたくさん、まとまってうみつけられている。カイコの卵《たまご》は、じょうたいによって色《いろ》がかわるので、よく観察《かんさつ》すると、卵《たまご》がいまどんなじょうたいなのか、わかるよ。

うまれてすぐの卵《たまご》

交尾《こうび》がおわって、わずか数時間《すうじかん》、カイコガのおかあさんは産卵《さんらん》をはじめる。ひとつひとつ、ていねいにうみつけられた卵《たまご》は、つやつやしたクリーム色《いろ》で、とてもきれいだ。

色《いろ》……………クリーム色《いろ》
形《かたち》……………ちょっとふくらみのあるだえん形《けい》
大《おお》きさ………直径《ちょっけい》1mm
あつさ………0.5 mm
数《かず》……………1 頭《とう》のおかあさんから、だいたい 500コ

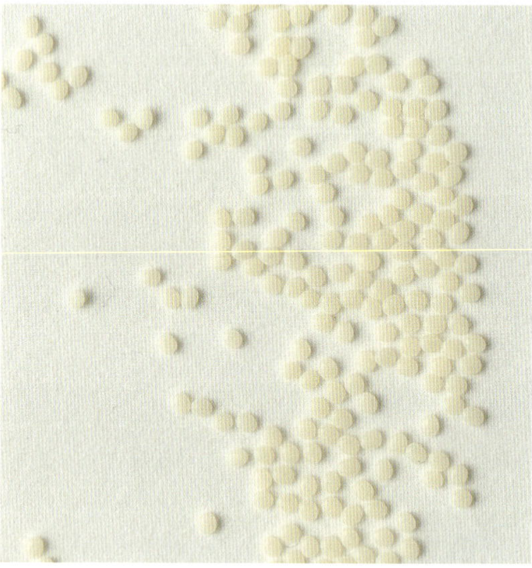

2～3 日《にち》たつと……　ちがいがわかる？

すぐにふ化《か》する卵《たまご》

（お休《やす》みしないので、「非休眠卵《ひきゅうみんらん》」とよぶよ）

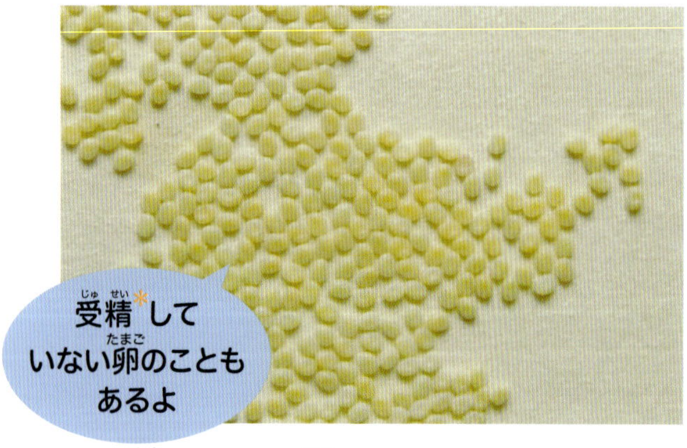
受精《じゅせい》*して
いない卵《たまご》のことも
あるよ

2～3日《にち》たっても、色《いろ》がほとんどかわらない

つぎの年《とし》の春《はる》までふ化《か》しない卵《たまご》

（お休《やす》みするので、「休眠卵《きゅうみんらん》」とよぶよ）

色《いろ》が
ついていない卵《たまご》は
死《し》んでいる卵《たまご》だよ

2～3日《にち》たつと、色《いろ》がつきはじめて、しばらくするとあずき色《いろ》になる

*受精《じゅせい》　オスの精子《せいし》（命《いのち》のもと）が、メスの卵《たまご》の中《なか》にはいりこむこと

ふ化《か》への道《みち》のり

カイコの卵《たまご》は、気温《きおん》をかんじとって、ふ化《か》していいのかどうか決《き》めている。ねむっているじょうたいの休眠卵《きゅうみんらん》は、気温《きおん》がさがると、「冬《ふゆ》がきたな」とかんじて、春《はる》にむけてねむりからさめるじゅんびをはじめる。そして、じっさいにあたたかくなると、2週間《しゅうかん》くらいでふ化《か》をする。非休眠卵《ひきゅうみんらん》も、気温《きおん》が10〜15℃以下《いか》にさがると、活動《かつどう》をとめてしまうよ。

すぐにふ化《か》する卵《たまご》のばあい

青《あお》い点《てん》が
みえてきた

ふ化《か》3〜4日前《にちまえ》のようす

全体《ぜんたい》が
青《あお》っぽい色《いろ》に
なった

ふ化《か》1〜2日前《にちまえ》のようす

つぎの年《とし》の春《はる》にふ化《か》する卵《たまご》のばあい

青《あお》い点《てん》が
みえてきた

ふ化《か》3〜4日前《にちまえ》のようす

全体《ぜんたい》が
青《あお》っぽい色《いろ》に
なった

ふ化《か》1〜2日前《にちまえ》のようす

カイコはかせのマメ知識《ちしき》

カイコの卵《たまご》がたからもの？

江戸時代《えどじだい》のおわり、江戸幕府《えどばくふ》は、フランスにカイコの卵《たまご》がうみつけられた紙《かみ》15000枚《まい》をおくった。フランスでは、病気《びょうき》がはやってカイコがたくさん死《し》んでこまっていたので、そのおくりものはとてもよろこばれたという。国《くに》から国《くに》へのおくりものになるほど、カイコの卵《たまご》はきちょうなものだったんだ。

カイコの成長《せいちょう》 ～ ふ化《か》

卵《たまご》の中《なか》でじゅんびがととのったら、とうとうふ化《か》のはじまりだ。ふ化《か》はたいてい、朝《あさ》、はじまる。気温《きおん》の変化《へんか》や光《ひかり》をかんじとって、ふ化《か》するんだ。おなじおかあさんがうんだ卵《たまご》は、ほとんどいっせいにふ化《か》をする。１頭《とう》、ふ化《か》をはじめたら、数時間《すうじかん》のうちに、きょうだいの卵《たまご》はつぎつぎにふ化《か》をするよ。

ふ化《か》当日《とうじつ》の卵《たまご》

卵《たまご》についた黒《くろ》っぽい点《てん》が、よりハッキリ、大《おお》きくなってきた

ふ化《か》がはじまった！

黒《くろ》い点《てん》がからの外《そと》にでてきた。黒《くろ》い点《てん》はカイコの頭《あたま》だったんだ

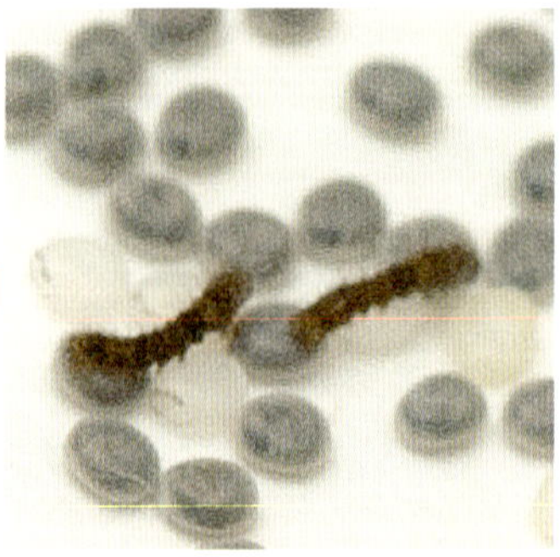

からだがぜんぶでてきたね

頭《あたま》がでてきたあなから、からだをよじりながらでてくるよ

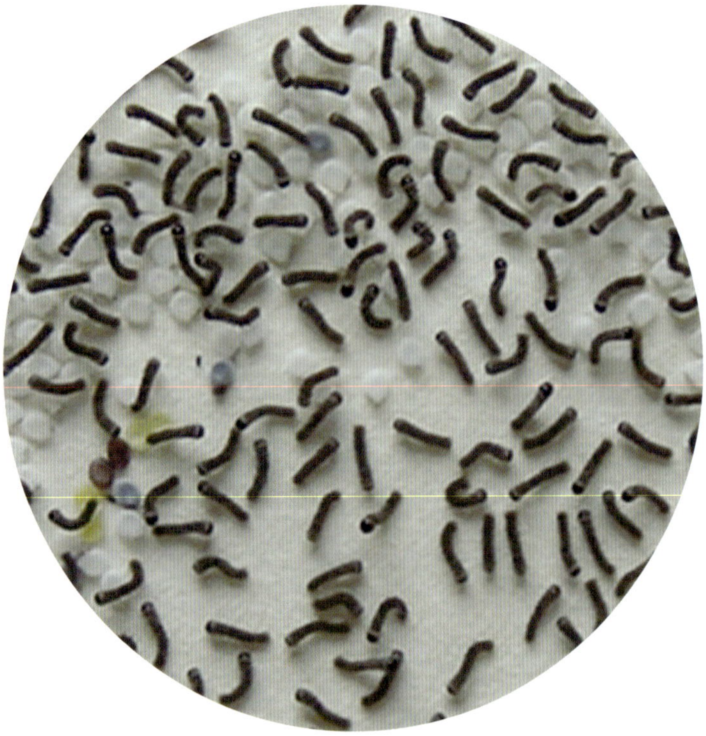

１頭《とう》うまれたら、あとはぞくぞくうまれるよ！

これは、おなじおかあさんがうんだ卵《たまご》がいっせいにふ化《か》している写真《しゃしん》だ。ふ化《か》がはじまって数時間《すうじかん》で、ほとんどすべての卵《たまご》がかえった。カイコがうまれたあとの卵《たまご》はとうめいな色《いろ》をしているのがわかるね

卵《たまご》からどうやってでてくるの？くわしく観察《かんさつ》してみよう

１コの卵《たまご》に注目《ちゅうもく》して、ズームアップしてみたよ。卵《たまご》のからをやぶって外《そと》にでてくるようすがよくわかるはずだ。

1
口《くち》から液体《えきたい》をだして、まず卵《たまご》のからをやわらかくしてからくいやぶる
2
頭《あたま》から、どんどんでてくる
3
からだを、右《みぎ》に、左《ひだり》に
4
くねくねよじりながら
5
あともうすこし
6
頭《あたま》がでてから、5分《ふん》くらいででてきたよ

けんび鏡《きょう》でみてみると

ふ化《か》した幼虫《ようちゅう》は、２mmもないくらい小《ちい》さくて、まるでけしゴムのかすみたいだ。でも、けんび鏡《きょう》でみたら、こんなふうにこまかい毛《け》がいっぱいはえている。だから、ふ化《か》したての幼虫《ようちゅう》のことを「毛蚕《けご》」とよぶよ（蚕《かいこ》＝カイコ）。また、小《ちい》さなアリににていることから、「蟻蚕《ぎさん》」というよび方《かた》もするんだ（蟻《あり》＝アリ）。

じっさいの大《おお》きさ 2mm弱《じゃく》

からだのようす からだの色《いろ》は黒《くろ》っぽく、白《しろ》い毛《け》がいっぱいはえている。からだが小《ちい》さいから、頭《あたま》が大《おお》きくみえるね

カイコの成長《せいちょう》 ～ 1令《れい》

ふ化《か》したカイコは、すぐにエサになるクワの葉《は》をさがしはじめる。そして、それから20日《か》以《い》上《じょう》、夜《よる》も昼《ひる》もなくクワの葉《は》をたべつづけて、大《おお》きくなっていく。カイコがまだ小《ちい》さいうちは、クワの葉《は》の表面《ひょうめん》をなめるようにたべる。そして、砂《すな》つぶのような、さらさらとかわいたフンをする。おしっこは、マユをつくる直前《ちょくぜん》と、成虫《せいちゅう》になった直後《ちょくご》しかしないよ。

ふ化《か》したての1令《れい》カイコは、とても小《ちい》さいし、あまりうごきまわらない。でも、もうりっぱに糸《いと》をはいて、自分《じぶん》のからだを葉《は》っぱにくっつけている。

カイコの成長日記《せいちょうにっき》

1令《れい》1日《にち》目《め》

じっさいの大《おお》きさ
2mm→ —

よくみると、葉《は》っぱの表面《ひょうめん》がうすくかじりとられているのがわかる。

1令《れい》2日《か》目《め》

じっさいの大《おお》きさ
2mm→ —

大《おお》きさはあまりかわらない。でも、クワの葉《は》の表面《ひょうめん》がずいぶんかじられるようになった。

1令《れい》3日《か》目《め》

じっさいの大《おお》きさ
3mm→ —

からだのしわがのびて、白《しろ》っぽくなってきた。からだもほんのすこし大《おお》きくなったようだ。

1令《れい》4日《か》目《め》

じっさいの大《おお》きさ
4 mm→ —

頭《あたま》をちょっとあげて、じっとしているカイコがちらほらいる。眠《みん》にはいったのかな？

眠《みん》の合図《あいず》

10ページで説明《せつめい》したように、カイコはだっぴのじゅんびをする時間《じかん》、頭《あたま》をあげて、じっとうごかなくなる（「眠《みん》」というよ）。令《れい》が小《ちい》さいうちはわかりにくいけれど、眠《みん》にはいる前《まえ》は、いまの頭《あたま》の上《うえ》に、あたらしい大《おお》きな頭《あたま》がすけてみえるようになるんだ。

＊だっぴについては、26ページをみよう。

眠《みん》にはいっている4令《れい》カイコ
赤《あか》い線《せん》でかこってあるところが、あたらしい頭《あたま》がすけてみえているところ

カイコの成長《せいちょう》～2令《れい》

はじめてのだっぴをおえたカイコは2令《れい》とよばれる。だっぴしたからといって、きゅうにからだが大《おお》きくなることはないが、頭《あたま》はけっこう大《おお》きくなる。

カイコの成長日記《せいちょうにっき》

2令《れい》1日目《にちめ》

じっさいの大《おお》きさ

6mm→

うごきだしたので、だっぴがおわったとわかった。だっぴしたあとのぬけがらは、小《ちい》さすぎて、みつからない。

2令《れい》2日目《かめ》

じっさいの大《おお》きさ

7mm→

クワの葉《は》に、はっきりたべられたあながあくようになってきた。

2令《れい》3日目《かめ》

じっさいの大《おお》きさ

9mm→

またじっとうごかなくなったカイコが半分《はんぶん》くらいいる。思《おも》ったより早《はや》く眠《みん》にはいったみたいだ。

カイコの成長《せいちょう》～3令《れい》

3令《れい》になっても、からだはそれほど大《おお》きくはないけれど、形《かたち》はずいぶんカイコらしくなってくる。せなかのもようもずいぶんはっきりしてくるよ。

カイコの成長日記《せいちょうにっき》

3令《れい》1日目《にちめ》

じっさいの大《おお》きさ
10mm→

だっぴがおわってうごきはじめた。小《ちい》さいぬけがららしきものがあった。

3令《れい》2日目《かめ》

じっさいの大《おお》きさ
13mm→

2令《れい》にくらべると、クワの葉《は》のたべっぷりがいい。葉《は》っぱのはしっこからたべるようになってきた。

3令《れい》3日目《かめ》

じっさいの大《おお》きさ
16 mm→

眠《みん》にはいっているカイコとまだうごいているカイコがいる。眠《みん》にはいる時間差《じかんさ》がずいぶんでてきた。

カイコの成長《せいちょう》～4令《れい》

4令《れい》になったカイコは、クワの葉《は》をたべる量《りょう》もぐんとふえ、耳《みみ》をちかづけると、葉《は》をたべるときの「サクサク」というこきみよい音《おと》がきこえるようになる。

クワの葉《は》のたべ方《かた》

令《れい》が小《ちい》さいころのカイコは葉《は》の表面《ひょうめん》（とくに葉《は》のうらがわ）をなめるようにかじりとるが、令《れい》がすすんで大《おお》きくなってくると、葉《は》のはしからたべるようになる。

下《した》の写真《しゃしん》をみてみよう。葉《は》のはしを胸《むね》にある6本《ぽん》のあしではさむようにもち、頭《あたま》を上《うえ》から下《した》にうごかしながら、葉《は》っぱをたべているよ。

あしで
しっかり葉《は》っぱを
もっているよ
まずは
上《うえ》のほうの葉《は》っぱを
かじって
どんどん
下《した》のほうまで
たべていく
このうごきを、
休《やす》みなく
くりかえすんだ

カイコの成《せい》長《ちょう》日《にっ》記《き》

カイコ
日記

4令《れい》1日《にち》目《め》

じっさいの大《おお》きさ

18mm→

だっぴがおわる。あちこちにぬけがらがあるのがわかる。

4令《れい》2日《か》目《め》

じっさいの大《おお》きさ

22mm→

3令《れい》よりよくうごきまわるようになった。クワの葉《は》をいきおいよくたべている。

4令《れい》3日《か》目《め》

じっさいの大《おお》きさ

28mm→

朝《あさ》あげたクワの葉《は》が、夕方《ゆうがた》にはもうかなりへっているようになってきた。

4令《れい》4日《か》目《め》

じっさいの大《おお》きさ

30mm→

ちらほら、眠《みん》にはいったらしいカイコがでてきた。あたらしい頭《あたま》がすけてみえる。

4令《れい》5日《か》目《め》

じっさいの大《おお》きさ

33mm→

きのうから眠《みん》にはいったカイコがまだうごかない。眠《みん》の時間《じかん》がのびているみたいだ。

どこでたべているの?

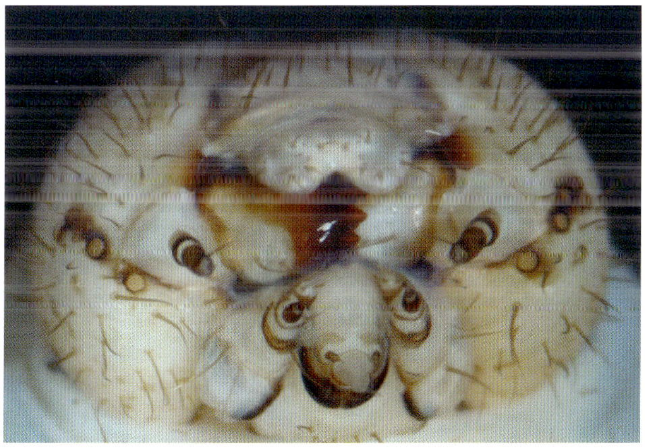

クローズアップ

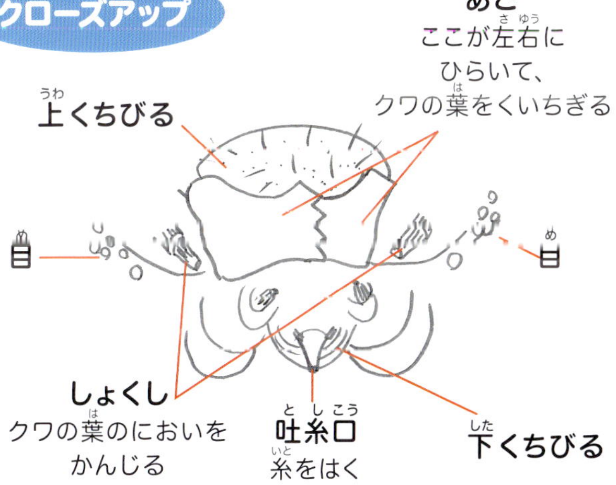

あご
ここが左右《さゆう》に
ひらいて、
クワの葉《は》をくいちぎる
上《うわ》くちびる
目《め》
目《め》
しょくし
クワの葉《は》のにおいを
かんじる
吐糸口《としこう》
糸《いと》をはく
下《した》くちびる

だっぴ

からだが大《おお》きくなるとき、人間《にんげん》はまず骨《ほね》が大《おお》きくなるけれど、カイコはいちばん先《さき》に皮《かわ》が大《おお》きくなる。そして、あたらしい大《おお》きな皮《かわ》ができると、古《ふる》い皮《かわ》をぬぎすてる。これがだっぴだ。カイコは、からだの皮《かわ》だけでなく、気管《きかん》の皮《かわ》や頭《あたま》もぬぎすててあたらしくするんだ。失敗《しっぱい》して、死《し》んでしまうカイコもいる。まさに命《いのち》をかけた大《おお》しごとなんだよ。

だっぴのようす

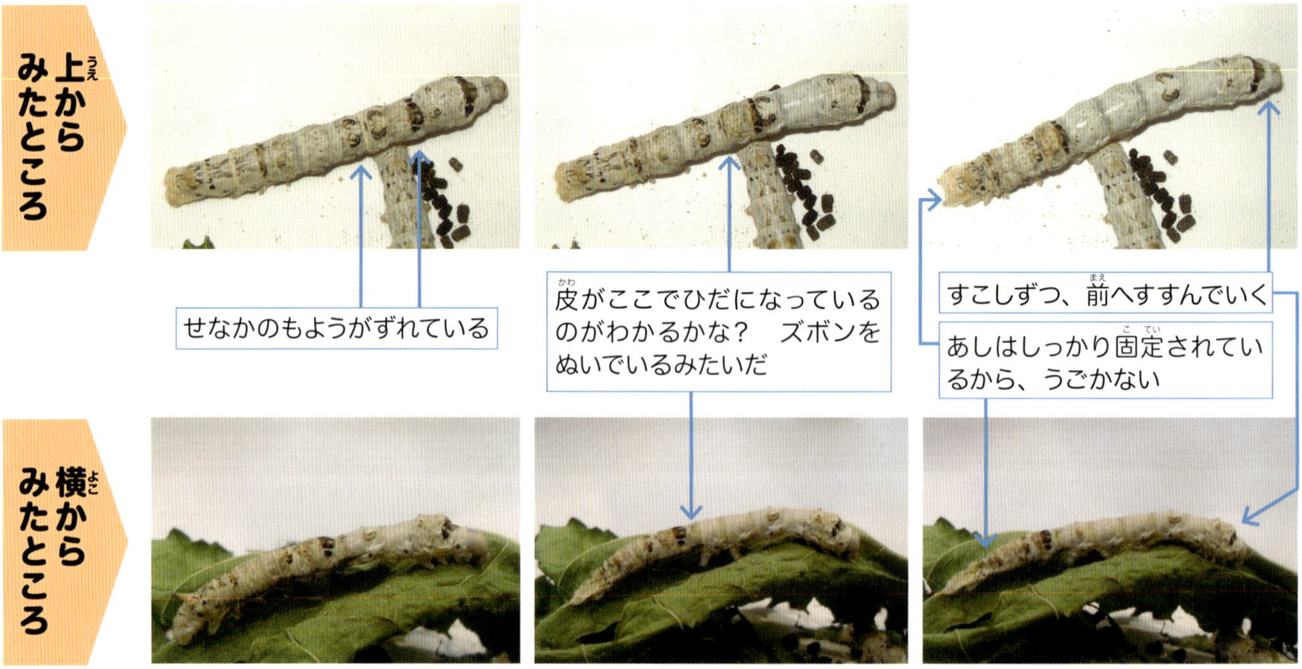
上《うえ》からみたところ
せなかのもようがずれている
皮《かわ》がここでひだになっているのがわかるかな？　ズボンをぬいでいるみたいだ
すこしずつ、前《まえ》へすすんでいく
あしはしっかり固定《こてい》されているから、うごかない
横《よこ》からみたところ

だっぴのプロセス

眠《みん》にはいっていたカイコが、からだをむずむずうごかしはじめたら、だっぴの合図《あいず》だ。そうなったら、すぐに、頭《あたま》の上《うえ》あたりの皮《かわ》がさけて、皮《かわ》が尾《お》のほうにおくられていくよ。それとどうじに、カイコはゆっくりゆっくり前《まえ》へすすんでいく。あしのところの古《ふる》い皮《かわ》が糸《いと》で地面《じめん》に固定《こてい》されているから、するんと皮《かわ》をぬぐことができるんだね。

だっぴがおわったばかりのカイコは、まだあたらしい皮《かわ》がうすくて弱《よわ》いので、しばらくうごかないでじっとしているよ。

カイコはかせのマメ知識《ちしき》

だっぴする生《い》きものたち

セミやカブトムシなどのこん虫《ちゅう》、ヘビなどのは虫類《ちゅうるい》、ザリガニやエビのような甲《こう》かく類《るい》も、だっぴして成長《せいちょう》する。

セミのぬけがらをよくみると、白《しろ》い糸《いと》のような気管《きかん》がくっついているよ。カイコとおなじで、セミの気管《きかん》もだっぴするんだ。

家《いえ》でネコやイヌをかっている人《ひと》は、ときどき大量《たいりょう》に毛《け》がぬけかわるのをみたことがあるだろう。そうした毛《け》のぬけかわりも、「だっぴ」の一種《いっしゅ》なんだ。

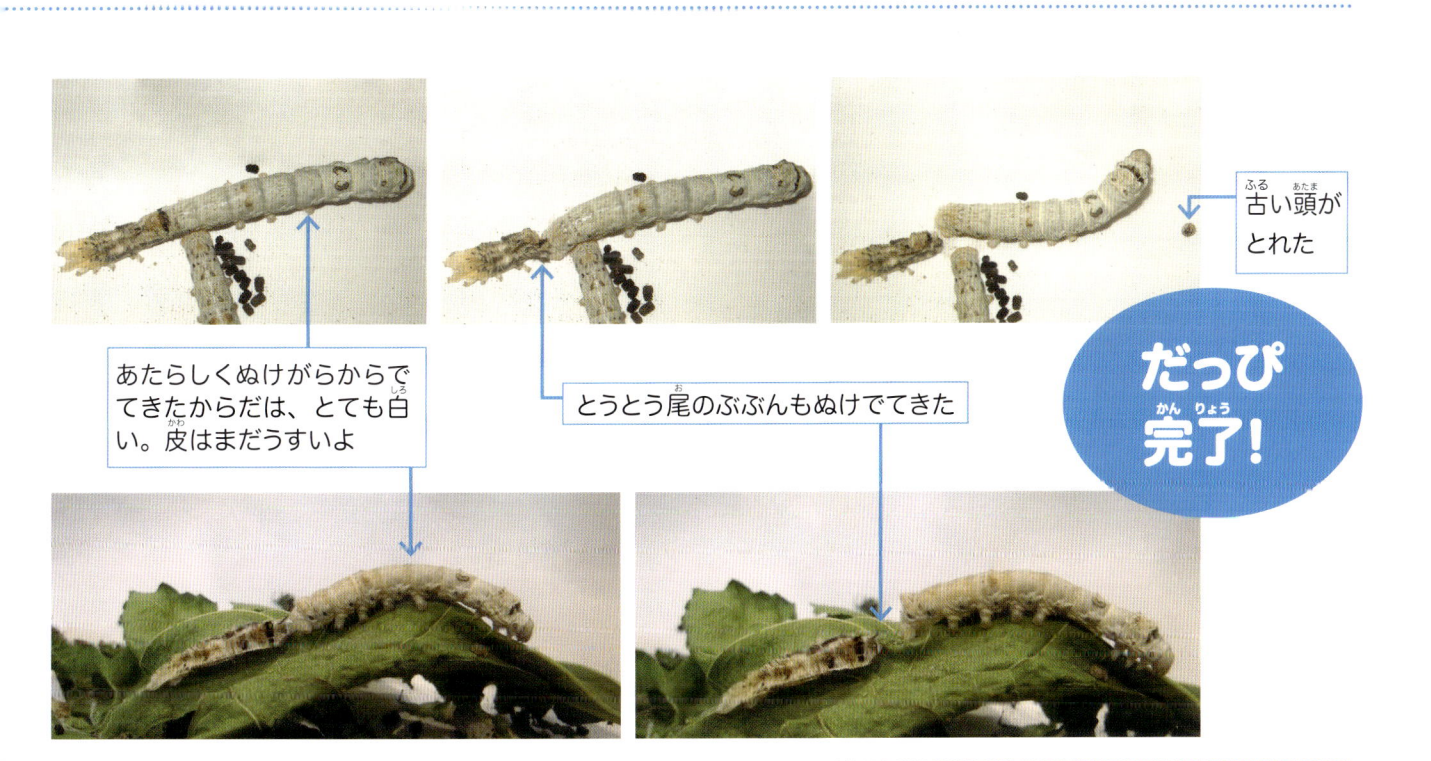

古《ふる》い頭《あたま》がとれた

あたらしくぬけがらからでてきたからだは、とても白《しろ》い。皮《かわ》はまだうすいよ

とうとう尾《お》のぶぶんもぬけでてきた

だっぴ完了《かんりょう》!

だっぴしたあとの皮《かわ》の大《おお》きさをくらべてみよう

横《よこ》の写真《しゃしん》は、3令《れい》→4令《れい》になるときと、4令《れい》→5令《れい》になるときにだっぴしたあとのぬけがらだ。たった1令《れい》ちがうだけで、ずいぶん大《おお》きさがちがうね。4令《れい》から5令《れい》へのだっぴのぬけがらは、気管《きかん》の皮《かわ》がぬけたあとがはっきりのこっているよ。頭《あたま》のぬけがらも大《おお》きいから、みつけやすいね。

実物大《じつぶつだい》

3令《れい》→4令《れい》のだっぴ

4令《れい》→5令《れい》のだっぴ

カイコの成《せい》長《ちょう》～5令《れい》

5令《れい》になると、カイコは大量《たいりょう》のクワの葉《は》をいきおいよくたべるようになる。そして、からだもぐんぐん大《おお》きくなる。5令《れい》もおわりごろのカイコは、うまれたてのころにくらべて、10000倍《ばい》以《い》上《じょう》の大《おお》きさになっているんだよ。たっぷりたべて、じゅうぶん成長《せいちょう》すると、からだの中《なか》で、マユをつくるじゅんびがすすむんだ。

カイコが一《いっ》生《しょう》でたべるクワ

カイコは1頭《とう》あたり、一生《いっしょう》でおよそ25gのクワをたべるといわれている。そのうち80～90%を、5令《れい》のときにたべるんだ。カイコがたくさんかわれていた明治《めいじ》～昭和《しょうわ》のころは、日本《にっぽん》にもクワ畑《ばたけ》がたくさんあった。地図《ちず》記号《きごう》にクワ畑《ばたけ》の記号《きごう》（Y）があるのはそのせいなんだね。

25gのクワの葉《は》

カイコの成長日記《せいちょうにっき》

5令《れい》1日《にち》目《め》

じっさいの大《おお》きさ 38 mm↓

だっぴしたあとのぬけがらもずいぶん大《おお》きい。古《ふる》い頭《あたま》のからも確認《かくにん》できた。

5令《れい》2日《か》目《め》

じっさいの大《おお》きさ 41 mm↓

朝《あさ》あげたクワの葉《は》が夕方《ゆうがた》になると、もうなくなってしまうようになった。

5令《れい》3日《か》目《め》

じっさいの大《おお》きさ 45 mm↓

あたえるクワの葉《は》をふやしても、どんどんたべきってしまう。

5令《れい》4日《か》目《め》

じっさいの大《おお》きさ 48 mm↓

手《て》のひらにのせると、ひんやりしている。カイコは変温動《へんおんどう》物《ぶつ》なので、体温《たいおん》がないらしい。

5令《れい》5日《か》目《め》

じっさいの大《おお》きさ 50 mm↓

からだがますます大《おお》きくなってきた。皮《かわ》もすべすべしていて、手《て》ざわりがいい。

5令《れい》6日《か》目《め》

じっさいの大《おお》きさ 55 mm↓

うごきがにぶくなってきたカイコがいる。クワの葉《は》からはなれて、飼育箱《しいくばこ》のすみのほうにいくカイコもいる。

5令《れい》7日《か》目《め》

じっさいの大《おお》きさ 51 mm↓

うごきがにぶくなってきたカイコが、頭《あたま》を左右《さゆう》にふりはじめた。よくみると、まわりにうっすら糸《いと》がはられている。

糸《いと》をはく合図《あいず》？

マユをつくるじゅんびができたカイコは、まずクワの葉《は》をあまりたべなくなる。そしてあちこちうごきまわって、クワの葉《は》からはなれたり、飼育箱《しいくばこ》のすみのほうにいったりしたあと、じっとしていることがおおくなる。みためも、すこし黄色《きいろ》っぽくなって、からだがひとまわりちぢむんだ(51ページの写真《しゃしん》をみてみよう)。こうしてマユをつくるじゅんびがととのったカイコのことを「熟蚕《じゅくさん》」とよぶ。

頭《あたま》を左右《さゆう》にふりだしたら、糸《いと》をはきはじめたしるしだよ。

カイコの生態《せいたい》

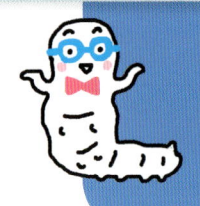

マユづくり

糸《いと》をはきはじめたら、カイコはいよいよマユづくりにとりかかる。マユをつくりやすいばしょをみつけて、とてもほそいけれど、とてもじょうぶな糸《いと》をはいて、自分《じぶん》のまわりに球《たま》のような形《かたち》のかべをつくっていくんだ。このかべが「マユ」だ。1コのマユをつくるのに、およそ1500mの糸《いと》をはくんだよ。

まゆづくりのステップ

1 まゆをつくるじゅんびをする

いいマユをつくるには、カイコのまわりにかべがひつようだ。かべがあるせまいばしょにうつしてやると、カイコはまずかべに糸《いと》をはりめぐらせて、自分《じぶん》がのるための足場《あしば》をつくっていく。いちばん右《みぎ》の写真《しゃしん》のような足場《あしば》ができるまで、何時間《なんじかん》もかかるんだよ。

2 まあるくまあるく

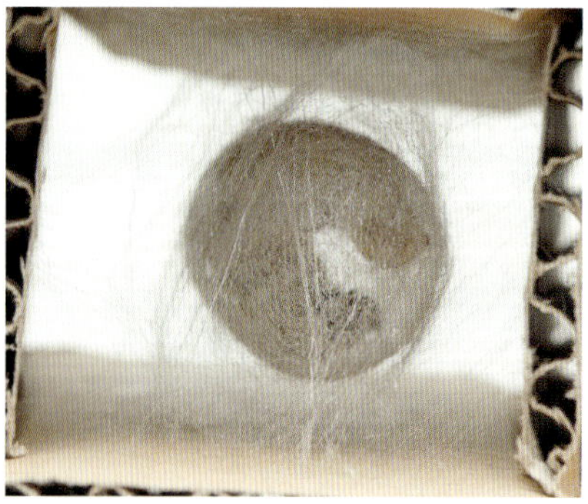

足場《あしば》ができると、こんどは、自分《じぶん》のまわりに糸《いと》をはきはじめる。写真《しゃしん》のように、からだをまるめながら、糸《いと》をはきつづけていくんだ。だんだん、まあるいマユの形《かたち》ができてくるよ。

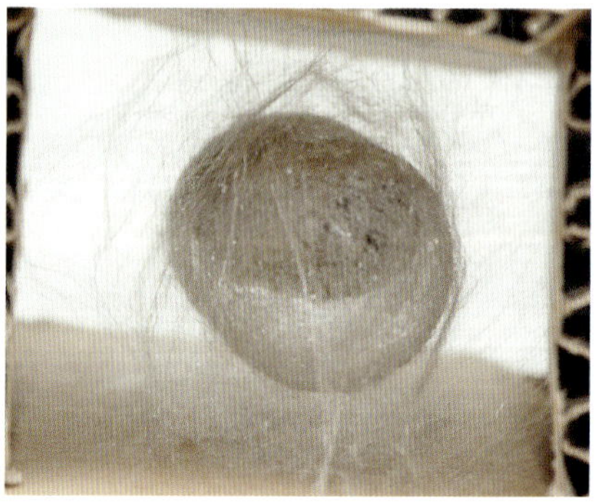

とちゅうで、フンとおしっこをするよ

糸《いと》をはきはじめる直前《ちょくぜん》のカイコは、それまでのコロコロしたフンとはちがう、やわらかいフンをするけれど、いよいよマユをつくりはじめると、からだの中《なか》にあるいらないものをぜんぶ外《そと》にだすんだ。だから、げりっぽいフンと、おしっこをする。カイコがおしっこをするのは、このときははじめてだよ。

3 しあげにとりかかる

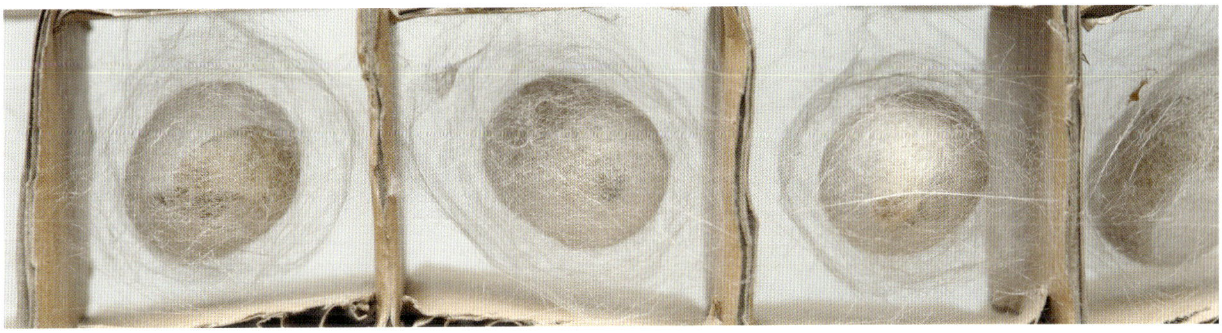

マユの形《かたち》がおおよそできあがったら、あとはひたすら糸《いと》をはいて、マユのかべをあつくしていく。マユのうちがわにそってくるくるまわりながら、糸《いと》をはいていくんだ。糸《いと》をはきはじめてから1日《にち》ぐらいたつと、中《なか》がみえなくなる。

4 できあがり？

糸《いと》をはきはじめてから
およそ1日《にち》～1日《にち》半《はん》。
でも、
まだ完成《かんせい》じゃない

足場《あしば》は「毛羽《けば》」
というよ

このあとも
1日《にち》ぐらいは
中《なか》で糸《いと》を
はきつづけるよ

まゆ 番外編《ばんがいへん》

玉《たま》マユ

クワの葉《は》に
できたマユ

カイコはたいてい、1頭《とう》ごとにマユをつくるけれど、ときどき2頭《とう》がいっしょにひとつのマユをつくることがある。こういうマユ（「玉《たま》マユ」というよ）は大《おお》きくてぶかっこうだ。いいばしょをみつけられないで、クワの葉《は》のあいだでマユをつくってしまうカイコもいるよ。

マユのすべて

じょうぶで美《うつく》しく、なめらかな糸《いと》でつくられた、カイコのマユ。マユをつくるからこそ、カイコは人間《にんげん》にまもられ、改良《かいりょう》され、かちくとしてかわれるようになった。
このマユからとられる絹《きぬ》は、むかしはほんとうに貴重《きちょう》なものだった。だから、カイコのことを「おカイコさん」とか「お蚕《こ》さま」とよんでいたんだよ。

カイコのマユ　てっていかいぼう

【実物大《じつぶつだい》】

重《おも》さ	1コ　2gぐらい
色《いろ》	日本《にっぽん》のカイコがつくるマユは白《しろ》がおおい
形《かたち》	だえんっぽい球形《きゅうけい》 ほそながいものや、まん中《なか》が へこんだたわら形《がた》など、いろいろ
とれる糸《いと》	1コのマユから およそ1500mくらい。 1コのマユは1本《ぽん》の糸《いと》からできている

着物《きもの》を
1まいつくるには、
2700コぐらいの
マユがひつようだよ

いろいろなマユ

日本《にっぽん》だと、カイコのマユ＝白《しろ》というイメージがつよいけれど、じつは、カイコのマユの色《いろ》はいろいろだ。マユに色《いろ》がつくのは、クワの葉《は》にふくまれる色素《しきそ》がカイコの体液《たいえき》をとおって糸《いと》につくからだ。だから、クワの葉《は》のどの色素《しきそ》をカイコがからだにとりいれるかによって、糸《いと》の色《いろ》はかわってくるんだね。

でも、色《いろ》は糸《いと》の表面《ひょうめん》についているだけなので、マユをにて糸《いと》をつむぐあいだに、ほとんどとれてしまうんだよ。

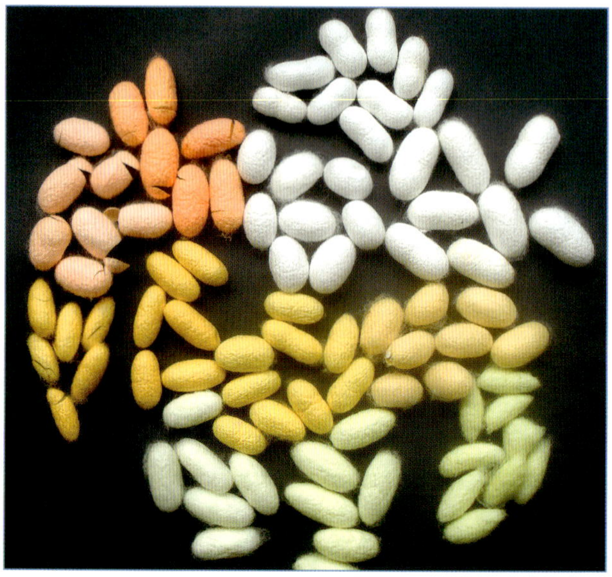

カイコはかせのマメ知識《ちしき》

あれあれ？
おなじマユなのに、
色《いろ》がちがってみえるよ

カイコのマユは蛍光《けいこう》をはなっているので、紫《し》外線《がいせん》をあてると、下《した》の写真《しゃしん》のように光《ひか》ってみえる。人間《にんげん》は紫外線《しがいせん》をみることができないので、上《うえ》のようにしかみえない。

じつは、カイコの目《め》は、人間《にんげん》の目《め》のようにものをハッキリみわけることはできないけれど、紫外線《しがいせん》をみることができる（でも、「赤《あか》」はみえない。それは、ほかのおおくのこん虫《ちゅう》もおなじだ）。だから、カイコには、自分《じぶん》たちがつくるマユが下《した》の写真《しゃしん》のように、人間《にんげん》とはちがう色《いろ》でみえているにちがいない。

人間《にんげん》の目《め》でみたままの写真《しゃしん》

紫外線《しがいせん》をあててとった写真《しゃしん》

カイコのなかまがつくるマユ

カイコ

天蚕《てんさん》

クワコ

カイコのように、サナギになるときマユをつくる虫《むし》はほかにもいる。とくにガのなかまは、マユをつくることがおおい。天蚕《てんさん》（ヤママユガ）がつくるマユからは、カイコのつくる絹《きぬ》より、やわらかくてあたたかい糸《いと》がとれて、その糸《いと》は「せんいのダイヤモンド」とよばれているよ。

マユの中《なか》では、なにがおこっている？　その①

白《しろ》いイモムシのような幼虫《ようちゅう》がマユをつくってから、２週間《しゅうかん》。マユからは、ガになった成虫《せいちゅう》がでてくる。すがた形《かたち》のちがいはおどろくほどだね。
マユの中《なか》では、いったいなにがおこっているんだろう？

糸《いと》をはきはじめてから３日目《かめ》

このころになると、ようやく糸《いと》をはきおわる。
写真《しゃしん》をみてみよう。糸《いと》をはききったカイコはずいぶん小《ちい》さくなっているね。５令幼虫《れいようちゅう》の半分《はんぶん》くらいまでちぢんではいるけれど、すがたはまだ幼虫《ようちゅう》のままだよ。

からだをむずむずうごかしはじめたら、サナギになる合図《あいず》だ

サナギになる

糸《いと》をぜんぶはききってから２～３日《にち》たつと、幼虫《ようちゅう》はだっぴして、サナギになる。サナギになって、成虫《せいちゅう》に変身《へんしん》するじゅんびをしていくんだ。

よう化《か》のようす

サナギになることをよう化《か》というよ（「よう」は蛹《よう》と書《か》く。蛹《よう》＝サナギ）

まず、頭《あたま》のところの皮《かわ》がさけた。よう化《か》のはじまりだ

おしりのほうを前後《ぜんご》にふって、からだを波《なみ》だたせると――

そのうごきにあわせて、皮《かわ》がどんどん下《した》に移動《いどう》していく

よう化《か》完《かん》了《りょう》！

3日《か》ぐらい
たつと……

よう化《か》直《ちょく》後《ご》のサナギ

つやつやした黄《き》色《いろ》っぽい色《いろ》で、皮《かわ》はとてもうすい。とてもやわらかくて、皮《かわ》もまだかわいていないので、このときに、マユをつよくゆさぶったりすると、かんたんにきずついてしまう。

よう化《か》3日《か》後《ご》のサナギ

全体《ぜんたい》にちゃいろっぽくなってくる。皮《かわ》も、よう化《か》直《ちょく》後《ご》にくらべれば、ずいぶんあつくなるけれど、かたくはなく、さわるとやわらかい。じっとうごかないが、ときどき、びくんとふるえたりする。

オスとメスのサナギのちがい

幼虫《ようちゅう》のカイコのオスとメスのちがいは、ちょっとみただけではわからないけれど（みわけかたは50ページ）、サナギや成虫《せいちゅう》になったカイコのオスとメスはわりあいみわけやすい。

サナギのオスとメスをみわけるときは、からだの大《おお》きさや重《おも》さと、おしりのもように注目《ちゅうもく》してみよう。

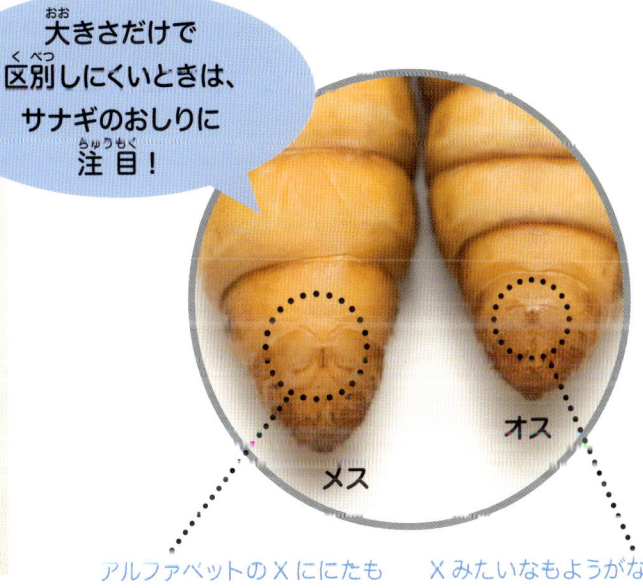

大《おお》きさだけで
区別《くべつ》しにくいときは、
サナギのおしりに
注目《ちゅうもく》！

上《うえ》の写真《しゃしん》をみてごらん。大《おお》きさがずいぶんちがうね。メスは卵《たまご》をおなかにかかえているから、そのぶん、大《おお》きくて重《おも》いことがおおいんだよ。

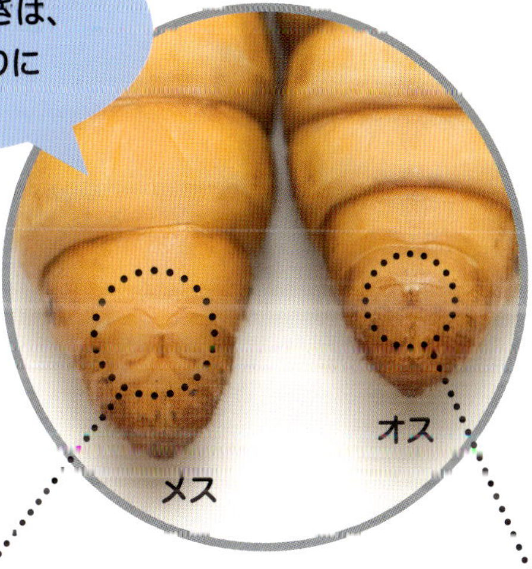

アルファベットのＸににたもようがわかるかな？　こんなもようがあるのはメスだ。

Ｘみたいなもようがないのがオスだ。オスのほうは、メスのＸがあるところに、ぽつんと点《てん》のようなものがあるよ。

マユの中《なか》では、なにがおこっている？　その②

サナギはほとんどじっとしていて、まるでねむっているようだ。けれど、サナギの中《なか》では、大《おお》きな大《おお》きな変化《へんか》がおきている。サナギになってから、成虫《せいちゅう》になるまで、およそ10日間《かかん》。サナギの中《なか》では、いったいどんな変化《へんか》がおきているんだろう？

サナギの中《なか》では、なにがおこっているんだろう？

成虫《せいちゅう》のはねは、なにもないところからはえてきたように思《おも》えるけれど、じつはちがう。はねのもと（細胞《さいぼう》）は、うまれたときからあって、幼虫《ようちゅう》のあいだはからだの中《なか》でほとんどねむっているんだ。それが、幼虫《ようちゅう》からサナギになろうとするころから、ぐんぐん成長《せいちょう》していくんだよ。しょっかくや卵《たまご》なんかもそうだ。反対《はんたい》に、それまでひつようだったけれど成虫《せいちゅう》になるといらなくなるもの（腸《ちょう》などの消《しょう》化器管《かきかん》や腹脚《ふくきゃく》など）はちぢんだり、とけてなくなったりする。そうしたいろいろな変化《へんか》がいっぺんにおきて、体内《たいない》のようすがわかりにくいから、「サナギの中《なか》はドロドロ」といわれてしまうのかもしれないね。

このサナギはメスだったので、はらの中《なか》は卵《たまご》のくだ（卵管《らんかん》）しかみえない。オスのはらの中《なか》は、ふわふわした脂肪《しぼう》だらけなんだって。

＊幼虫《ようちゅう》のからだの中《なか》は、59ページにくわしくでている。サナギのからだの中《なか》とどうちがうか、くらべてみよう。

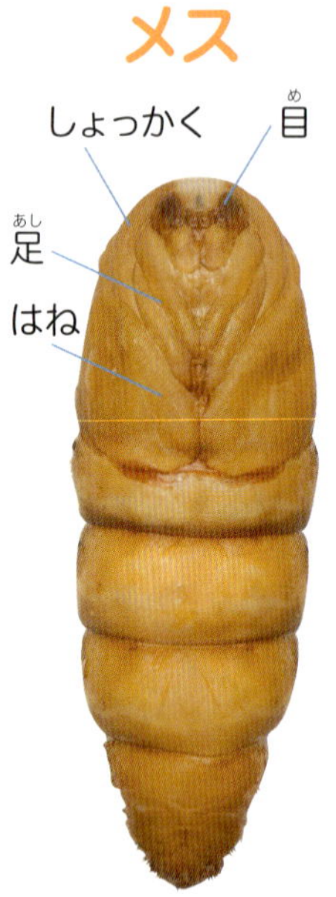
メス
しょっかく
目《め》
足《あし》
はね

よう化《か》8日《か》後《ご》のサナギ

成虫《せいちゅう》の目《め》やはねをみわけることができるね。このころになると、ほぼ、成《せい》虫《ちゅう》のからだができあがっているんだ。

かいぼうしてみると
脂肪《しぼう》
卵管《らんかん》
おしっこがたまっている

羽化《うか》がはじまる

成虫《せいちゅう》のからだが完成《かんせい》して、じゅんびがととのうと、いよいよ羽化《うか》がはじまる。羽化《うか》の１～２日前《にちまえ》になると、サナギはよくおしりをくるくるまわすようになる。マユがきゅうにころがったりしたら、中《なか》でサナギがおしりをまわしているしるしだ。ふ化《か》とおなじように、羽化《うか》も、朝《あさ》、おこることがおおいよ。

カイコガがサナギからでてきた！

てっぺんに あながあいて、白《しろ》い頭《あたま》がちらっと みえる
あなをおしひろげる ようにして、頭《あたま》がでてきた
サナギの半分《はんぶん》 くらいまでがさけて、上半身《じょうはんしん》がでてきた
６本《ぽん》のあしを 大《おお》きくうごかして、サナギのからを おしている
サナギのからを あしでおしやりながら、おしりを ひきぬこうとする
あとは、おしりの先《さき》を ひきぬく だけだ
からが すっぽり はずれた
羽化完了《うかかんりょう》！

羽化《うか》〜マユから脱出《だっしゅつ》

サナギからでてきたカイコガは、つぎはすぐにマユからでてくる。しかも、糸《いと》を切《き》らずにでてくるんだ。いったい、どうやってでてくるんだろう？

カイコガがマユからでてきた！

注目《ちゅうもく》！

カイコガは、サナギから羽化《うか》したあと、口《くち》から酵素《こうそ》*がはいった液体《えきたい》をだす。その酵素《こうそ》がマユをやわらかくしてくれるんだ。カイコガはやわらかくなったマユをおしひろげて、外《そと》にでてくるんだよ。

マユのはしが
ぬれてきた

ぬれている
ところから、カイコガの
目《め》がすけてみえる
頭《あたま》をおしつけて
いるぞ

マユにあながあいて、
しょっかくだけ
外《そと》にでてきた
ここまで
10分《ぷん》くらい

すぐに顔《かお》が
ぜんぶでてきた

あしをだして、
まゆをおすように
しながら、からだを
ぐいっとひきあげた

からだを
左右前後《さゆうぜんご》に
よじっているよ

口《くち》から液体《えきたい》を
だしているのが
わかるよ

上半身《じょうはんしん》が
ようやく
でてきた

*酵素《こうそ》　消化《しょうか》をはじめとするさまざまな生命活動《せいめいかつどう》にかかわる物質《ぶっしつ》。人間《にんげん》のからだの中《なか》にもたくさんある。だ液《えき》でたべものをやわらかくしたり、とかしたりするのも、酵素《こうそ》のはたらきだ。

マユの外《そと》へ！

あしをばたばた
させて、
からだを大《おお》きく
ゆすっている

からだをひねって、
あしを
下《した》についた

はうようにして、
おしりまで
外《そと》にひきぬいた

羽《う》化《か》完《かん》了《りょう》

外《そと》にでてくると、つかまるところをさがすよ。
そうして、はねをひろげて、かわかすんだ。

羽《う》化《か》したあと、おしっこをするよ

マユからでてくると、カイコガはおしっこをする。成虫《せいちゅう》に変身《へんしん》するときにいらなくなったものを腸《ちょう》にためておいて、それをからだの外《そと》にだすんだ。上《うえ》の写真《しゃしん》でマユがよごれているのも、おしっこのせいだよ。

マユの中《なか》は……

カイコガがでてきたあとのマユの中《なか》には、サナギのぬけがらと、サナギになるときにだっぴしたぬけがらがはいっている

成虫《せいちゅう》～カイコガ

カイコの成虫《せいちゅう》、カイコガをみて、さいしょに思《おも》うのは、きっとからだの大《おお》きさのわりにはねが小《ちい》さいということだろう。前《まえ》にも説明《せつめい》したとおり、カイコガはとべない。また、消化器《しょうかき》や口《くち》も退化《たいか》してしまっているので、なにもたべず、なにものまない。カイコは、ただ子孫《しそん》をのこすためだけに成虫《せいちゅう》になるようなものなんだ。

これがカイコの成虫《せいちゅう》、カイコガだ！

フェロモンのふくろ
このカイコガはメスなので、フェロモンのふくろがある。このふくろについてはつぎのページをみてみよう
しょっかく
クシのような形《かたち》をしている。オスのほうがメスより大《おお》きい
まえばね
うしろばね
はねはまえとうしろ、二《に》重《じゅう》についていて、合計《ごうけい》4まいある。まえばねは大《おお》きめ、うしろばねは小《ちい》さめ。からだにくらべて小《ちい》さく、はねをうごかす筋《きん》肉《にく》も弱《よわ》いので、とべない
目《め》
小《ちい》さな単眼《たんがん》があつまった複眼《ふくがん》
うしろあし
なかあし
まえあし
あしは、左右《さゆう》にそれぞれ3本《ぼん》ずつ、合計《ごうけい》6本《ぼん》あって、すべて胸《むね》のところについている

幼虫《ようちゅう》と成虫《せいちゅう》のちがい

幼虫《ようちゅう》と成虫《せいちゅう》では、みかけもからだの中《なか》も、ずいぶんちがう。もちろん、おなじところもあるけどね。幼虫《ようちゅう》は成長《せいちょう》して糸《いと》のもとをつくるという目的《もくてき》にあったからだのつくりをしているし、成虫《せいちゅう》は子孫《しそん》をのこすという目的《もくてき》にあったからだのつくりをしているんだ。

	幼虫《ようちゅう》	成虫《せいちゅう》
目《め》	単眼《たんがん》が左右《さゆう》に６コずつ。 明暗《めいあん》はわかるが、形《かたち》はわからない	単眼《たんがん》がたくさんあつまった複眼《ふくがん》。 明暗《めいあん》も形《かたち》もわかる
口《くち》	大《おお》きなあごがあって、クワの葉《は》をたべる	いちおうあるけれど、たべものはたべない。 マユからでてくるときに液体《えきたい》をだす
しょっかく	あごの両《りょう》わきに小《ちい》さなしょっかくが1つずつ	クシのような形《かたち》をした 大《おお》きなしょっかくが頭《あたま》に2つ
あし	胸《むね》のところに6本《ぽん》、はらのところに8本《ぽん》、 おしりのところに2本《ほん》	胸《むね》のところに6本《ぽん》
はね	からだの中《なか》に小《ちい》さなもとがある	まえばね2まい、うしろばね2まい
心《しん》ぞうのはたらき	せなかに背脈管《はいみゃくかん》	せなかに背脈管《はいみゃくかん》
たべものを消化《しょうか》	腸《ちょう》で消化《しょうか》	腸《ちょう》はちぢんで、 いらないものをためるばしょになる
息《いき》をする	気門《きもん》からからだ全体《ぜんたい》にある気管《きかん》に 空気《くうき》をおくる	気門《きもん》からからだ全体《ぜんたい》にある気管《きかん》に 空気《くうき》をおくる
子孫《しそん》をのこす	メスは卵巣《らんそう》で卵《たまご》をつくっている オスは精巣《せいそう》で精子《せいし》をつくっている	メスには卵《たまご》がいっぱいつまった卵管《らんかん》がある オスは精巣《せいそう》が大《おお》きくなる
糸《いと》をつくる	絹糸腺《けんしせん》がある	ない

カイコはかせのマメ知識《ちしき》

江戸時代《えどじだい》のカイコはとべた!?

右《みぎ》の絵《え》は、江戸時代《えどじだい》に喜多川歌麿《きたがわうたまろ》というゆうめいな絵《え》師《し》がかいた浮世絵《うきよえ》だ。絵《え》の中《なか》をよくみてごらん。カイコがとんでいるよね。こうした絵《え》はたくさんのこっていて、江戸《えど》時代《じだい》のカイコはまだとべたらしいともいわれている。

人間《にんげん》は、からだがふとっていて、たくさん糸《いと》をはくカイコや、うごきがにぶかったり、とべなかったり、かいやすいカイコだけえらんで、その子孫《しそん》をのこしてきた。だから、いまいるカイコはまったくとべないんだ。でも、さいきん、運動神経《うんどうしんけい》のいいカイコをかけあわせてみたら、とべるカイコがうまれたんだって！

求《きゅう》愛《あい》〜交《こう》尾《び》

カイコは羽化《うか》して、はねがかわくとすぐ、求愛行動《きゅうあいこうどう》にはいる。求愛行動《きゅうあいこうどう》というのは、オスとメスが交尾《こうび》する相手《あいて》をさがし、自分《じぶん》の存在《そんざい》をアピールすることだ。カイコのばあい、メスはにおいをだしてオスをおびきよせ、オスはそのにおい（フェロモン）を手《て》がかりに、メスのいばしょをさがしまわるんだ。ぶじに相手《あいて》をみつけると、カイコガはすぐに交尾《こうび》して、何時間《なんじかん》もそのままでいるんだよ。

メスの行動《こうどう》　オスの行動《こうどう》

メス

かくだいすると…

おしりをあげて、フェロモンのふくろをだす。このふくろから、オスをおびきよせるにおいがでる

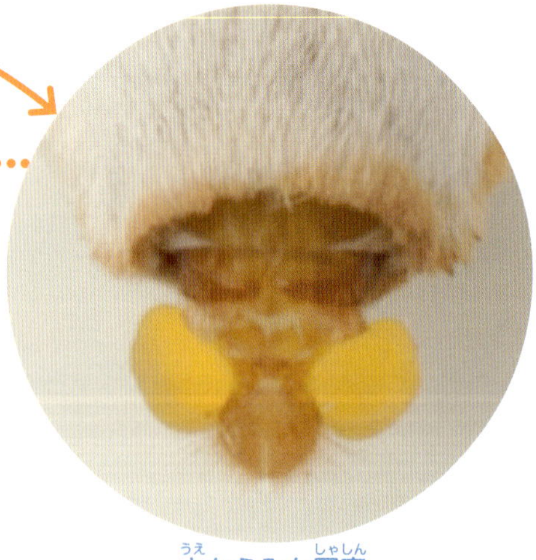

上《うえ》からみた写真《しゃしん》

オス

はねをばたばたさせて、くるくるまわる。メスのにおいがどの方向《ほうこう》からながれてくるか、さぐっているんだ

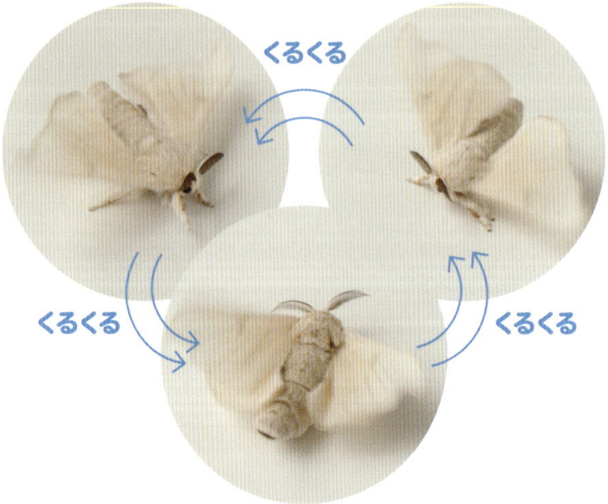
くるくる
くるくる
くるくる

こっちの
ほうだ！

においのでどころがわかると、ようやく前《まえ》へすすんで、メスにちかづいていく

オスがメスにたどりつくと……

オスははねをばたばたさせながら前進《ぜんしん》し、メスのもとにたどりつく。オスはおしりのところにかぎ爪《づめ》のようなものがあり、交尾《こうび》するときはそこをメスのおしりにひっかけるんだ。

フェロモンを
かくにん
メスはほとんど
うごかない

おしりを
ちかづけていく

かぎ爪《づめ》を
ひっかける
かんじ

オスがらくないちに
移動《いどう》。移動《いどう》しないで、
ずっとおなじかっこうの
ときもある。

ほぼ
まっすぐになって、
このまま数時間《すうじかん》
1～2時間《じかん》で、
受精《じゅせい》にひつような
精子《せいし》が
おくりこまれる
交尾完了《こうびかんりょう》

生殖器《せいしょくき》*がつながると、オスは精子《せいし》をメスにおくりこんでいく。おくりこまれた精子《せいし》は、メスのからだの貯蔵庫《ちょぞうこ》のようなところにためられて、メスが産卵《さんらん》する直前《ちょくぜん》に、卵《たまご》の中《なか》にはいって受精《じゅせい》するんだよ。

カイコガは数時間《すうじかん》～半日《はんにち》、このままのじょうたいでいる。あまり長《なが》いあいだこのままでいるときは、人間《にんげん》が交尾《こうび》をはずしてやる（このことを「割愛《かつあい》」という。「割愛《かつあい》」ということばはここからうまれて、そのあと「おもいきって省略《しょうりゃく》すること」などの意味《いみ》でつかわれるようになった）。

*生殖器《せいしょくき》…子孫《しそん》をのこすはたらきをする器官《きかん》

産《さん》卵《らん》

交尾《こうび》がおわってから、早《はや》いと3時間《じかん》ほど、おそくても10時間《じかん》もしないうちに、メスは卵《たまご》をうみはじめる。朝《あさ》、羽化《うか》したら、昼《ひる》に交尾《こうび》して、夜《よる》、産卵《さんらん》をはじめるんだ。メスははばたいて、すこしずつうごきながら、ひとつひとつていねいに、しばらくやすんでは、またうみつづける。1～2日《にち》かけて、およそ500コの卵《たまご》をうむよ。

産《さん》卵《らん》のようす

どこが
あいている
かな？

メスのカイコガは、産卵管《さんらんかん》を外《そと》にだし、その先《さき》で地面《じめん》のようすをさぐる。うごきながら、おしりのむきもあちこちかえて、卵《たまご》をうむスペースがあるところをさがす。

ここには
なにもないな

ぽこっ

あいているスペースをみつけると、ひとつ卵《たまご》をうむ。卵《たまご》はべたべたしたのりのようなものでおおわれているので、うみつけられたところにくっつくよ。ひとつうみおわると、カイコガはまたあいているスペースをさがしはじめる。

命《いのち》のバトンタッチ

カイコガのメスはゆっくり卵《たまご》をうみつづけていく。産卵《さんらん》がはじまってから最初《さいしょ》の8時間《じかん》が、いちばん卵《たまご》をうむペースがはやく、いちばんたくさん卵《たまご》をうむ。けれど、そのあとも卵《たまご》をうみつづけ、長《なが》いものでは2日間《かかん》も産卵《さんらん》をするよ。

卵《たまご》をうみおわったメスは、そのあと、4～5日《にち》生《い》き、羽化《うか》してからおおよそ1週間《しゅうかん》で死《し》ぬ。命《いのち》をつぎの世代《せだい》にバトンタッチして、じゅみょうをむかえるんだ。オスもおなじようなじゅみょうだよ。

8時間《じかん》、卵《たまご》をうんだところ

1日《にち》うみつづけると……

わくをかぶせる

カイコガは移動《いどう》しながら卵《たまご》をうむので、ほうっておくと、あちこちに卵《たまご》がうみつけられてしまう。上《うえ》のようにわくをかぶせると、その中《なか》でうまく卵《たまご》をうむよ。

左《ひだり》の写真《しゃしん》は、わくをかぶせて、1日《にち》卵《たまご》をうませたあとのものだ。まるいわくの形《かたち》がわかるほど、卵がきれいにならべられているね。むかしから、卵《たまご》のうけわたしをするときは、このように、下《した》に紙《かみ》をしき、まるいわくをかぶせて卵《たまご》をうませていた。卵《たまご》がうみつけられた紙《かみ》は蚕紙《さんし》とよばれ、外国《がいこく》に輸出《ゆしゅつ》されていたこともあったんだ。

やってみよう！

カイコをかおう その①

カイコの一生《いっしょう》はおよそ50日間《にちかん》。50日間《にちかん》で、生《う》まれてから、つぎの命《いのち》をうみ、そして死《し》ぬまでの生態《せいたい》を観察《かんさつ》できるんだ。カイコをかって、自分《じぶん》の目《め》で、カイコの一生《いっしょう》をみてみよう。

カイコの卵《たまご》

卵《たまご》を手《て》にいれる

カイコの卵《たまご》や幼虫《ようちゅう》は、カブトムシなどとはちがって、ペットショップでは売《う》っていない。インターネットなどで、販売《はんばい》している業者《ぎょうしゃ》をさがしてみよう。

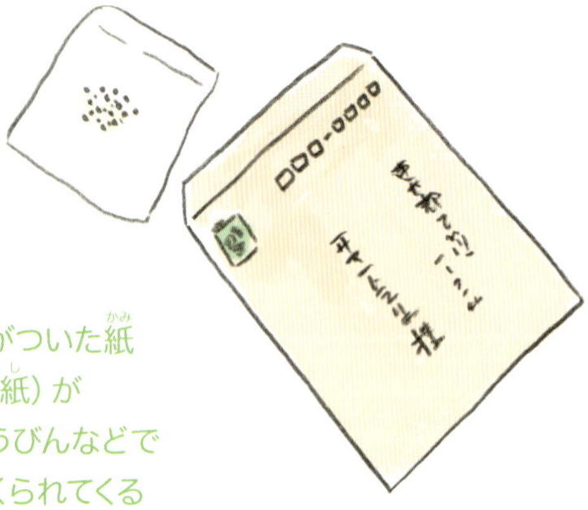

卵《たまご》がついた紙《かみ》(蚕紙《さんし》)がゆうびんなどでおくられてくる

注意《ちゅうい》！

- エサのクワの葉《は》があるのは春《はる》から秋《あき》だけだし、カイコの発育《はついく》には気温《きおん》25℃くらいがいいので、かう時期《じき》に気《き》をつけよう。
- 卵《たまご》をおくってもらうときは、いつごろふ化《か》するのかをかならず確認《かくにん》しよう。

ふ化《か》させる

卵《たまご》がとどいたら、ふ化《か》させる分《ぶん》を室温《しつおん》において、ふ化《か》させる。すぐにふ化《か》させない分《ぶん》は、冷蔵庫《れいぞうこ》にいれておけば、2週間《しゅうかん》くらいまでは、ふ化《か》をおくらせることができる。

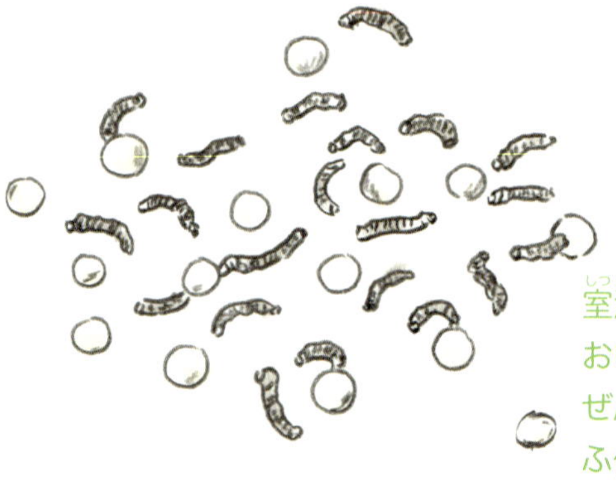

室温《しつおん》においておいたら、ぜんぶふ化《か》してしまうよ

注意《ちゅうい》！

- 冷蔵庫《れいぞうこ》で保管《ほかん》するときは、かんそうしないよう、ビニールぶくろかタッパーにいれよう。
- あまり長《なが》いあいだ冷蔵《れいぞう》しておくと、卵《たまご》は死《し》んでしまうよ。
- 卵《たまご》をふ化《か》させるときは、育《そだ》てられる分《ぶん》だけふ化《か》させよう。

ふ化《か》のタイミングをみのがすな！

ふ化《か》はだいたい朝《あさ》、日《ひ》の光《ひかり》がさしこんできてからおこる。明日《あす》にはふ化《か》するなと思《おも》ったら、早《はや》おきして観察《かんさつ》しよう。卵《たまご》にふたをかぶせておいて、観察《かんさつ》できるときに、ふたをはずして光《ひかり》にあててもいいよ。

ふ化《か》まぢかの卵《たまご》

クワのみつけ方《かた》

クワの木《き》は町《まち》の中《なか》でもけっこうみつけることができる。ひとつの木《き》から、いろいろな形《かたち》の葉《は》っぱがはえるので、写真《しゃしん》の葉《は》っぱの形《かたち》を参考《さんこう》にしながらさがしてみよう。「これはクワかな？」とまよったら、カイコにあげてみよう。カイコはクワの葉《は》しかたべないから、たべなかったら、クワじゃなかったということだ。

注意《ちゅうい》！

● 道《みち》ばたにはえているクワには、砂《すな》ぼこりや消《しょう》毒薬《どくやく》などがついていることもあるから、よくあらって水分《すいぶん》をふきとってから、あたえよう。

冷蔵庫《れいぞうこ》にいれておけば、クワの葉《は》は1週間《しゅうかん》はもつよ

クワの葉《は》をとるときは、もち主《ぬし》にきちんとことわらないといけないよ

まるっこい葉《は》っぱ

先《さき》がたくさんわかれている葉《は》っぱ

先《さき》が3つにわかれている葉《は》っぱ

先《さき》が5つにわかれている葉《は》っぱ

カイコはかせのマメ知識《ちしき》

人工《じんこう》のエサはおいしくない？

人工《じんこう》のエサ

カイコには、人工《じんこう》のエサもある。でも、やっぱり、クワの葉《は》のほうがおいしいらしく、いちどクワをたべてしまったカイコは、にどと人工《じんこう》のエサをたべない。人《じん》工《こう》のエサでそだてると病気《びょうき》にかかりにくいので、令《れい》が小《ちい》さいうちは、人工《じんこう》のエサのほうがそだてやすいかもしれない。そのばあいでも、4令《れい》くらいからクワの葉《は》をあげたほうが、じょうぶにそだって、いいマユをつくるよ。

やってみよう！

カイコをかおう その②

ふ化《か》したら……

ふ化《か》したばかりの幼虫《ようちゅう》

ふ化《か》したカイコは、すぐにエサをさがしはじめる。クワの葉《は》をそっと上《うえ》にのせると、カイコは歩《ある》いてうつってくるよ。うまくうつってこなかったら、筆《ふで》のようなものをつかって、エサの上《うえ》におとしてあげよう。

飼《し》育《いく》箱《ばこ》を用《よう》意《い》する

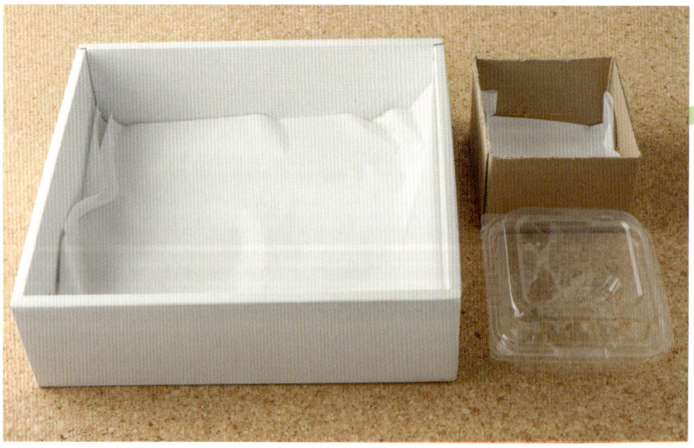

箱《はこ》の底《そこ》には、かならず、
新《しん》聞《ぶん》紙《し》や半《はん》紙《し》など、
紙《かみ》をしこう

段《だん》ボール箱《ばこ》やお菓《か》子《し》の空《あ》き箱《ばこ》、イチゴやトマトのパックなど。5令《れい》のカイコだったら、30cm四方《しほう》の箱《はこ》で30頭《とう》ぐらいはかえる。飼育箱《しいくばこ》の中《なか》がかんそうしたり、反対《はんたい》に湿気《しっけ》がおおくなりすぎないよう、ふたをしたり、空《くう》気《き》穴《あな》をあけたりして、調整《ちょうせい》しよう。

エサのあたえ方《かた》――クワのばあい

1～3令《れい》までは、なるべくやわらかくて小《ちい》さめの葉《は》をあたえよう。エサをあげるのは、できれば朝《あさ》と夕《ゆう》の2回《かい》。小《ちい》さいうちは1回《かい》でもいいけれど、クワの葉《は》はすぐにかんそうして、たべられなくなってしまうので、かんそうしたらあたらしい葉《は》にかえる。エサをやると、カイコはあたらしい葉《は》の上《うえ》にうつってくるので、クワの葉《は》ごと移《い》動《どう》して、箱《はこ》の底《そこ》にしいた紙《かみ》ごと、フンやたべのこしをすてる。

カイコには、上《うえ》へのぼる性質《せいしつ》がある

エサのあたえ方《かた》──人工《じんこう》エサのばあい

人工《じんこう》のエサはほとんど棒《ぼう》のような形《かたち》をしているので、輪切《わぎ》りにして、1日《にち》1回《かい》あたえる。1令《れい》〜3令《れい》までは、エサもそれほどへらないので、毎日《まいにち》あげるひつようはないかもしれない。エサのへりぐあいとかんそうしていないか、チェックしよう。そうじのしかたは、クワの葉《は》のときとおなじだよ。

1頭《とう》のカイコが一生《いっしょう》でたべる人工《じんこう》エサの量《りょう》は、クワの葉《は》とおなじで、25gくらいだよ

眠《みん》にはいったら……

眠《みん》にはいっているあいだは、さわらないようにしよう。このときにさわったり、うごかしたりすると、だっぴに失敗《しっぱい》して死《し》んでしまうことがある。何頭《なんとう》か眠《みん》にはいったら、エサをあげるのをやめよう（そうすると、まだエサをたべていたカイコも眠《みん》にはいるので、成長《せいちょう》のスピードをあわせることができるよ）。

眠《みん》にはいっているカイコ

だっぴをしたら……

だっぴをしたあとはまだひふがやわらかいので、さわるときずがついてしまう。しばらくはそのままにしておこう。カイコがうごきはじめたら、エサをあたえよう。

ぬけがらの形《かたち》は？
気管《きかん》のあとは？
観察《かんさつ》してみよう！

だっぴしたあとのぬけがら

だっぴの前後《ぜんご》は
そっとしておこう

やってみよう！

カイコをかおう その③

マユづくりをはじめるまで

カイコはどんどん大《おお》きくなる

4令《れい》をすぎると、カイコはどんどん大《おお》きくなる。エサをたべる量《りょう》もぐんとふえ、フンも大《おお》きく、たくさんするようになるよ。1頭《とう》あたりのスペースがせまくなりすぎたら、大《おお》きな飼育箱《しいくばこ》にかえるか、箱《はこ》の数《かず》をふやして、わけて飼育《しいく》しよう。

4令《れい》のカイコ

観察《かんさつ》ポイント

フンの大《おお》きさくらべ

5令《れい》のフン
1令《れい》のフン
3令《れい》のフン

クワの葉《は》は1日《にち》2回《かい》に

4令《れい》をすぎたら、クワの葉《は》はかならず、朝《あさ》・夕《ゆう》の2回《かい》、あたえよう。ここでもりもりたべないと、からだも大《おお》きくならないし、つくるマユも小《ちい》さくなってしまうよ。

オスとメスのみわけ方《かた》

幼虫《ようちゅう》のオスとメスをみわけるには、尾脚《びきゃく》のあたりのうらがわをみる。写真《しゃしん》をみてみよう。左《ひだり》の幼虫《ようちゅう》は尾脚《びきゃく》のあいだに、ひとつだけ点《てん》のようなものがある。こちらがオスだ。

右《みぎ》の幼虫《ようちゅう》は四角《しかく》をつくるように4つの点《てん》があるね。これがメスだよ。

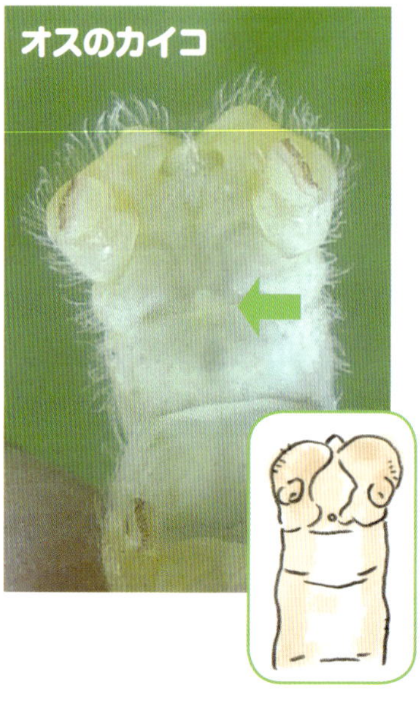
オスのカイコ

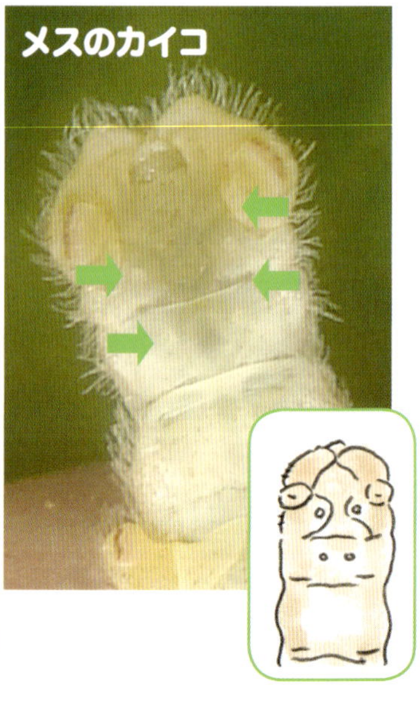
メスのカイコ

むかしは、
このオスとメスをみわけるしごとをする人《ひと》がいたんだって

マユをつくるタイミング

5令《れい》になって6～7日《にち》もすると、エサをたべる量《りょう》ががくんとへる。そして、からだがひとまわりちぢんで、黄色《きいろ》っぽくすきとおってくる。左《ひだり》の写真《しゃしん》をみてみよう。ちがいがよくわかるだろう？

こうなってくると、まもなく糸《いと》をはきはじめるよ。
よくうごきまわって、飼育箱《しいくばこ》からだっ走《そう》することもあるので注意《ちゅうい》しよう

まだマユをつくらないカイコと、もうすぐマユをつくりはじめるカイコ（熟蚕《じゅくさん》）

マユをつくるばしょを用意《ようい》する

マユをつくるには

❶ **かべがひつよう**
❷ **下《した》にしく紙《かみ》がひつよう**
（おしっこをして、よごすため）

これさえあれば、どんなものでもOK!

トイレットペーパーのしんで

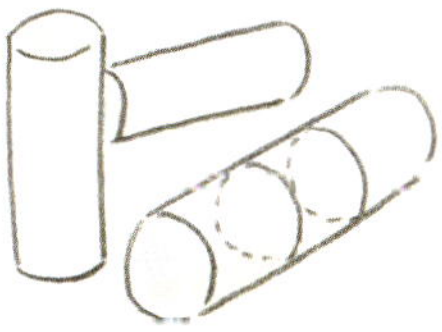

トイレットペーパーのしんを3つに切《き》る

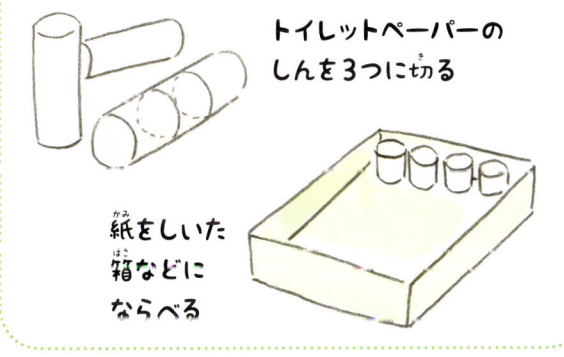

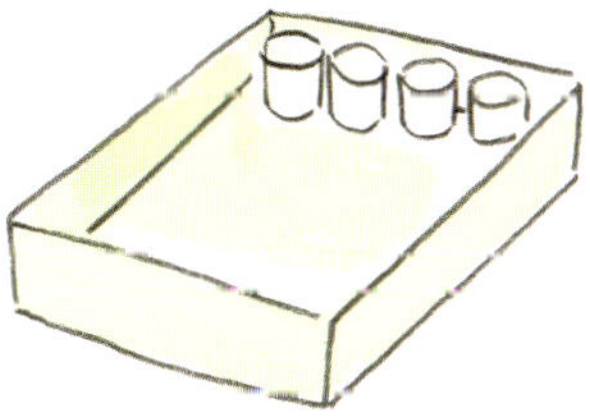

紙《かみ》をしいた箱《はこ》などにならべる

ペットボトルで

500mlのペットボトルの底《そこ》から1/3ぐらいのところで切《き》る

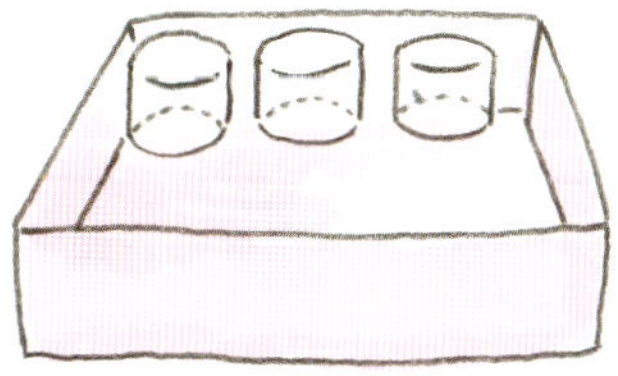

紙《かみ》をしいた箱《はこ》などにならべる

まぶし*をつくってみよう

① おかしの箱《はこ》などを用意《ようい》
② たてAcm×よこBcmとたてAcm×よこCcmの厚紙《あつがみ》を数《すう》まい用意《ようい》（まい数《すう》は、箱《はこ》の大《おお》きさにあわせて計算《けいさん》しよう）

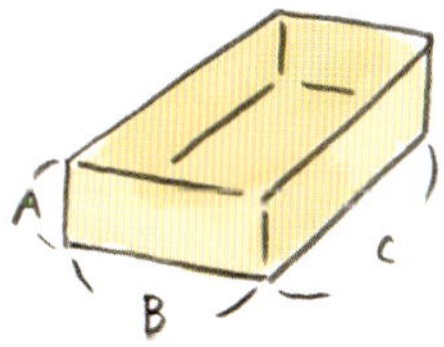

③ 厚紙《あつがみ》に4cmのはばで、半分《はんぶん》までの切《き》りこみをいれる

④ 切《き》りこみどうしをくみあわせる

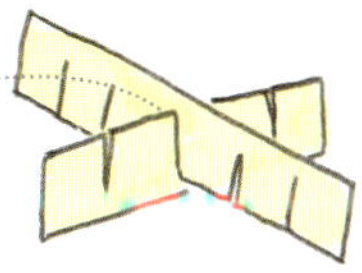

⑤ すべての切《き》りこみをくみあわせれば、できあがり。箱《はこ》の底《そこ》に紙《かみ》をしいて、セットしよう。

＊まぶし　たくさんのカイコがマユをつくれるよう、ちょうどいい大《おお》きさに仕切《しき》りをつくった道具《どうぐ》。むかしから養蚕農家《ようさんのうか》でつかわれてきた。

カイコをかおう　その④

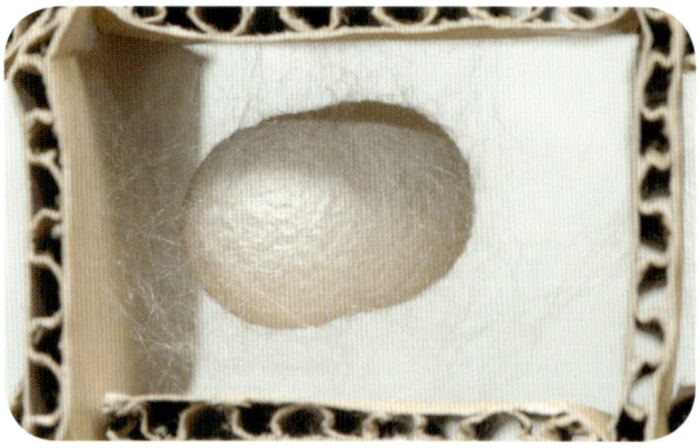

マユが完成《かんせい》したら……

糸《いと》をはきはじめてから、２日《か》ぐらいかけて、カイコはマユの形《かたち》をととのえていく。カイコがどんなふうに頭《あたま》をふって糸《いと》をはき、マユをつくっていくか、よく観察《かんさつ》してみよう。

観察《かん さつ》ポイント

マユの中《なか》をみてみよう！

糸《いと》をはきはじめてから２〜３日《にち》のマユは、完成《かんせい》しているようにみえるけれど、中《なか》のカイコはまだ幼虫《ようちゅう》のままだ。この時期《じ き》にマユを切《き》るなら、じゅうぶん注意《ちゅう い》しよう。糸《いと》をはきはじめてから7日《か》〜10日《か》ぐらいが、いちばんサナギをとりだしやすいよ。

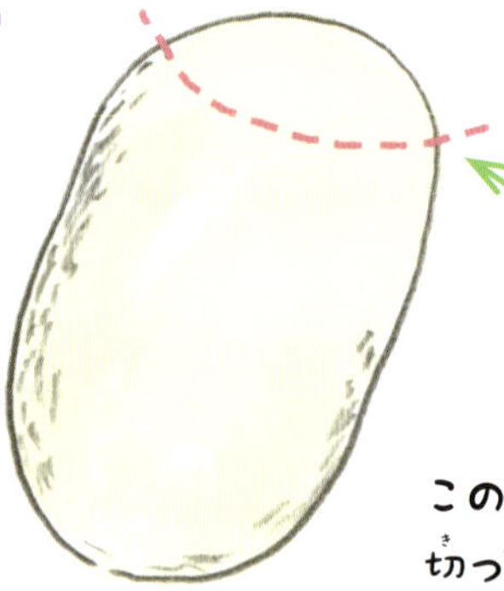

このあたりをそっと切《き》っていく

カッターなどの刃《は》をあてて
切《き》りこみをいれ、
マユのほうをまわしていくと、
うまく切《き》れる

マユからだしても
死《し》なない

サナギと
だっぴしたあとのぬけがらが
でてきたよ

カッターをつかうときは、指《ゆび》を切《き》らないよう、よく注意《ちゅう い》しよう

マユはさまざまなつかい方《かた》ができるので、いろいろためしてみよう

マユをどうする？

❶ 成虫《せいちゅう》になるまで観察《かんさつ》

❷ マユをゆでて、糸《いと》をとる ➡ 62〜65 ページをみてみよう

❸ マユをつかって、まわたをとったり、工作《こうさく》をする ➡ 66〜67 ページをみてみよう

マユからとりだしたサナギ

羽化《うか》を観察《かんさつ》しよう

マユからサナギをとりだしておくと、サナギから羽化《うか》するところをみることができる。

サナギから羽化《うか》するところと、羽化《うか》した成虫《せいちゅう》がマユからでてくるところを、両《りょう》方観察《ほうかんさつ》すると、おもしろいよ。サナギをとりだしたマユは、まわたをつくったり、工作《こうさく》するのにつかえるよ。

羽化《うか》した成虫《せいちゅう》がマユからでてくるようす

観察《かんさつ》ポイント　オスとメスのみわけ方《かた》

成虫《せいちゅう》のオスとメスは、ちがいがハッキリしている。

みわけポイント

1. はらの大《おお》きさ
2. しょっかくの大《おお》きさ
3. 黄色《きいろ》いふくろ

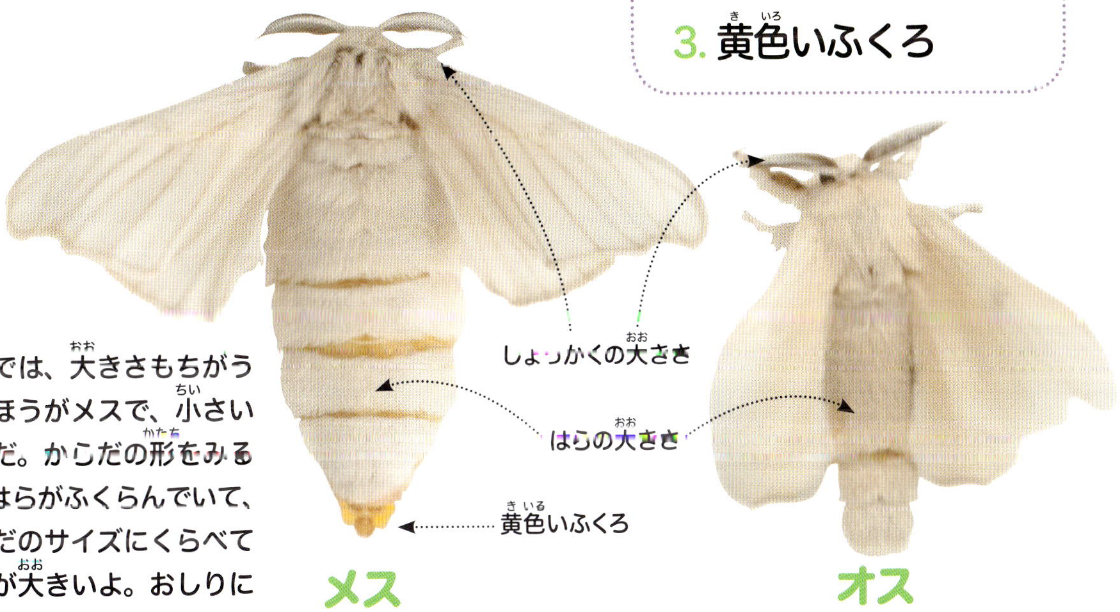

右《みぎ》の写真《しゃしん》では、大《おお》きさもちがうね。大《おお》きいほうがメスで、小《ちい》さいほうがオスだ。からだの形《かたち》をみると、メスははらがふくらんでいて、オスはからだのサイズにくらべてしょっかくが大《おお》きいよ。おしりに黄色《きいろ》いふくろがあるかないかも、みわけやすいね。

カイコをかおう その⑤

交尾《こうび》～産卵《さんらん》

羽化《うか》した成虫《せいちゅう》は、はねがかわくとすぐ、交尾《こうび》する相手《あいて》をさがしはじめる。オスとメスをいっしょの箱《はこ》にいれてみよう。交尾《こうび》がはじまって2～3時間《じかん》したら、オスとメスをかるくひねるようにして、ひきはなす（オスとメスはかぎ爪《づめ》のようなものをひっかけてつながっているので、左右《さゆう》にひっぱるとからだがちぎれてしまうから注意《ちゅうい》しよう）。

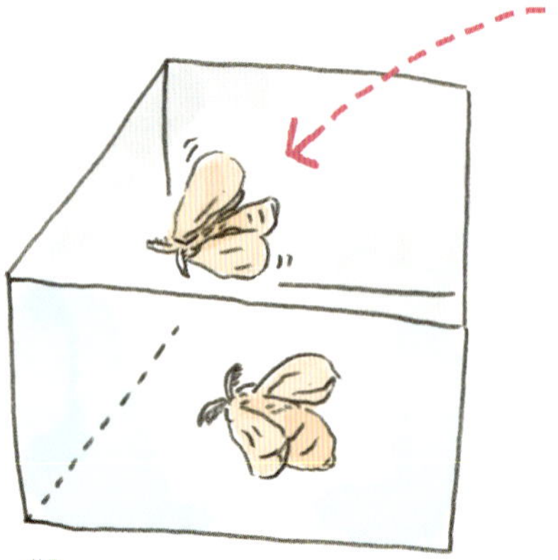

オスとメスを箱《はこ》にいれる

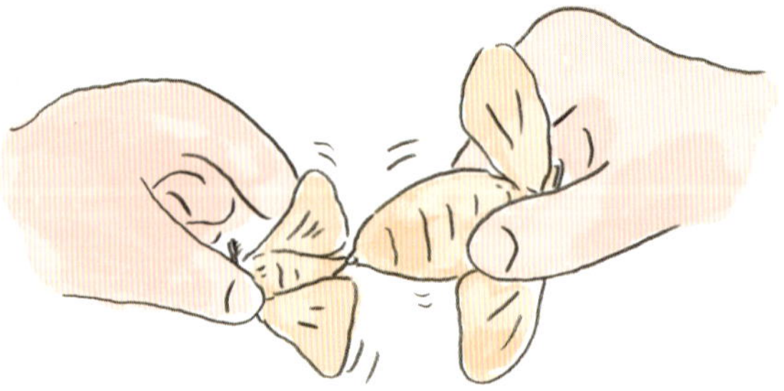

かるくひねって、はなす

プリンの型《かた》や紙《かみ》コップでもいいよ

交尾《こうび》がおわったメスは、数時間《すうじかん》で産卵《さんらん》をはじめるから、紙《かみ》の上《うえ》において、あちこち移動《いどう》しないようにまるいわくをかぶせよう。オスはそのあと、なんども交尾《こうび》できるよ。

卵《たまご》の保管《ほかん》

うまれてから数日《すうじつ》たって、卵《たまご》があずき色《いろ》になったら

これは、つぎの春《はる》までふ化《か》しない卵《たまご》だ。冬《ふゆ》のあいだは、暖房《だんぼう》のないところにおいておこう。２月《がつ》から３月《がつ》に、ビニールぶくろかタッパーにいれて冷蔵庫《れいぞうこ》にうつし、ふ化《か》させたい時期《じき》の２週間前《しゅうかんまえ》ぐらい前《まえ》に室温《しつおん》にもどすといいよ。

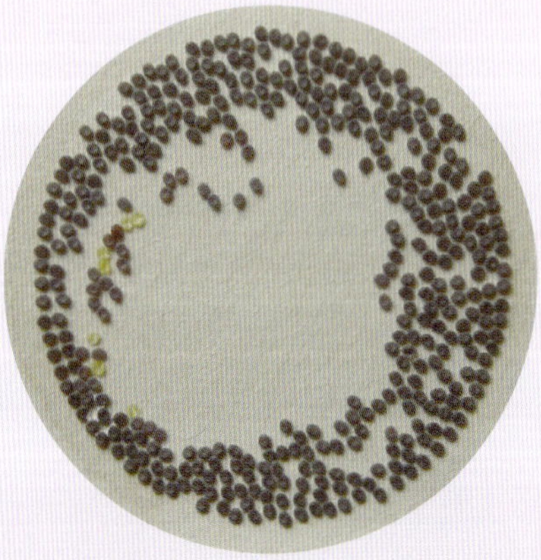

カイコの病気《びょうき》

カイコも人間《にんげん》とおなじで病気《びょうき》になる。人間《にんげん》とちがうのは、病気《びょうき》をなおす薬《くすり》がないということ。そして、ほうっておくと、病気《びょうき》はあっというまにほかのカイコにうつってしまう（人間《にんげん》にはうつらない)。だから、病気《びょうき》になったカイコがでたら、すぐに飼育箱《しいくばこ》からとりのぞこう。そのあとはかならず飼育箱《しいくばこ》をそうじすること。もし石灰《せっかい》があったら、のこったカイコたちの上《うえ》にまいて、消毒《しょうどく》するといいよ。

病気《びょうき》はあっというまにひろがる

病気《びょうき》のサイン

- げりをする
- たべたものをはく
- ちゃいろっぽい体液《たいえき》をだす
- からだが黒《くろ》っぽくなる
- からだに斑点《はんてん》ができる

病気《びょうき》にしないためにできること

- 飼育箱《しいくばこ》はいつもせいけつに
- 部屋《へや》の中《なか》で殺虫剤《さっちゅうざい》などつかわない
- 日光《にっこう》にあてない
- 温度《おんど》と湿度《しつど》に気《き》をつける

カイコが死《し》んだら……

カイコが死《し》んだら、土《つち》にうめてもいいし、外《そと》にだしておけば、鳥《とり》やほかの虫《むし》のエサになって、食物連鎖《しょくもつれんさ》* になるよ。うめられる場所《ばしょ》がなかったら、生《なま》ごみとしてだそう。

*食物連鎖《しょくもつれんさ》　生《い》きものは、「たべる・たべられる」という関係《かんけい》で、くさりのようにつながっていることをさす。たとえば、「草《くさ》➡草食動物《そうしょくどうぶつ》➡肉食動物《にくしょくどうぶつ》➡フン➡草《くさ》の栄養《えいよう》」というようなこと。

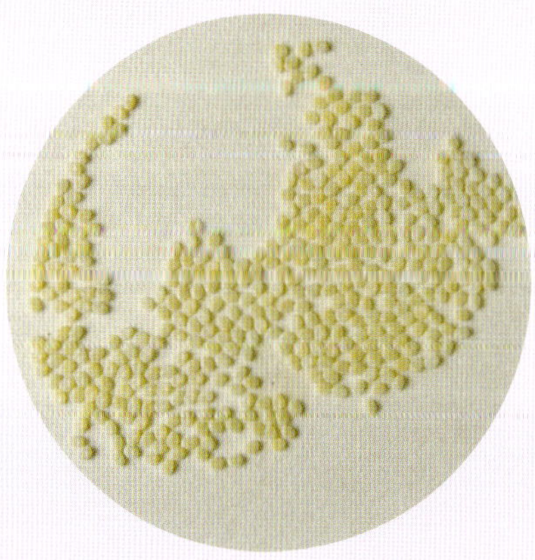

うまれてから数日《すうじつ》たっても、色《いろ》がかわらない

これは、10日《か》～14日《か》でふ化《か》する卵《たまご》か、受精《じゅせい》しなかった未受精卵《みじゅせいらん》（ふ化《か》しない卵《たまご》）だ。ふ化《か》をおくらせたかったら、冷蔵庫《れいぞうこ》にいれよう。ただし、冷蔵庫《れいぞうこ》で保存《ほぞん》できる期間《きかん》は2週間《しゅうかん》くらいだよ。

やってみよう!

カイコのからだの中《なか》をみてみよう その①

こん虫《ちゅう》のからだの中《なか》がどうなっているか、みたことはあるかな? からだは小《ちい》さくても、その中《なか》にはいろいろな器官《きかん》があって、ふくざつで、よくできているよ。5令《れい》の大《おお》きくなったカイコをつかって、からだの中《なか》をみてみよう。かいぼうすることで、カイコの命《いのち》をもらうことを、わすれないように。

用《よう》意《い》するもの

- かいぼう皿《ざら》
(水《みず》をはれるくらいのあつみがあって、底《そこ》にピンをさせるもの)
- 虫《むし》ピンやまち針《ばり》など
- 先《さき》が細《ほそ》くてとがったピンセット
- 先《さき》が細《ほそ》くてとがったハサミ
(眉毛《まゆげ》を切《き》るハサミもつかえるよ)

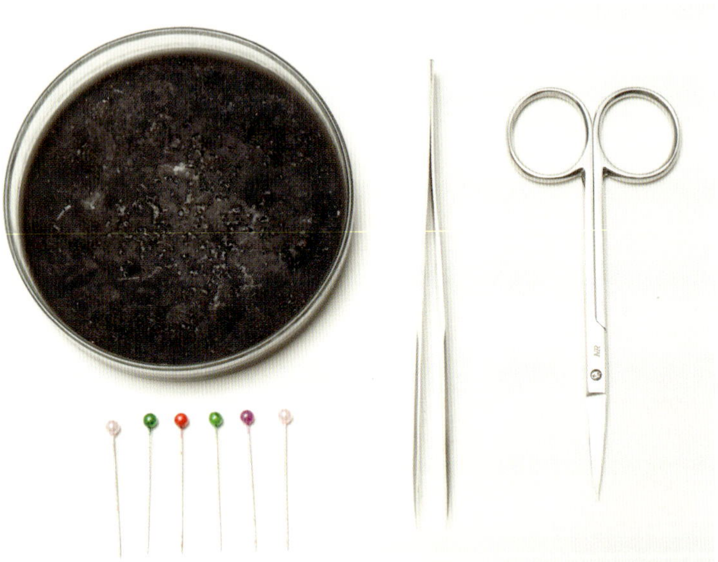

かんたん!

かいぼう皿《ざら》のつくり方《かた》

用《よう》意《い》するもの

- コルクボード
- 深《ふか》さのあるトレー
- せっちゃくざい

(どれも100円《えん》ショップでかえるよ)

①コルクボードをトレーの底《そこ》の大《おお》きさにあわせて、カッターやハサミで切《き》る。下《した》に新聞紙《しんぶんし》などしいて、テーブルをきずつけないようにしよう。

②せっちゃくざいで、トレーの底《そこ》に、コルクボードをはりつける。

できあがり!

かいぼうのステップ

カイコを氷《こおり》に5分《ふん》くらいか
水《みず》に15分《ふん》くらいつけておくと
ますいになるよ

1 カイコを固定《こてい》する

これはNG！ ピンをまっすぐにさすと、かいぼうがとてもやりにくい

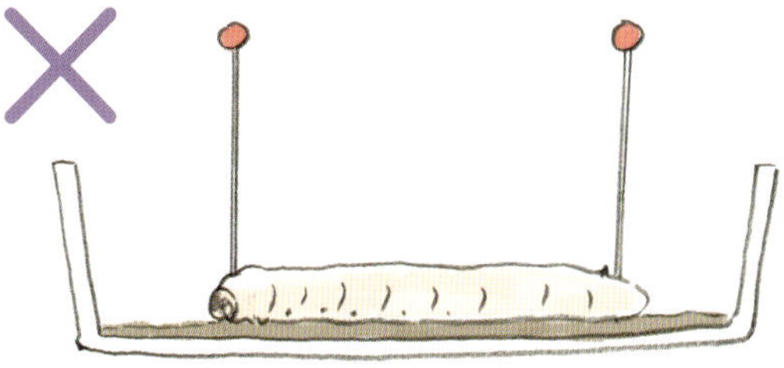

まず頭《あたま》をピンで固定《こてい》して、指《ゆび》でカイコのからだをまっすぐのばしてから、おしりを固定《こてい》。ピンはななめにさす。

2 ひたひたになるまで水《みず》をいれる

これはNG！ 水《みず》がすくないと、せっかくかいぼうしても、ぞう器《き》などがよくみえない

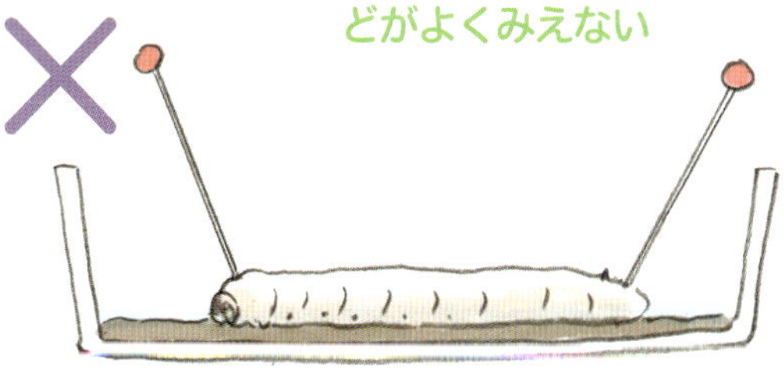

カイコのからだがすっかりかくれるぎりぎりまで水《みず》をいれる。こうすると、観察《かんさつ》しやすくなる。

3 せなかの皮《かわ》を切《き》る

うまく切《き》るヒント まずこの尾角《びかく》を切《き》る

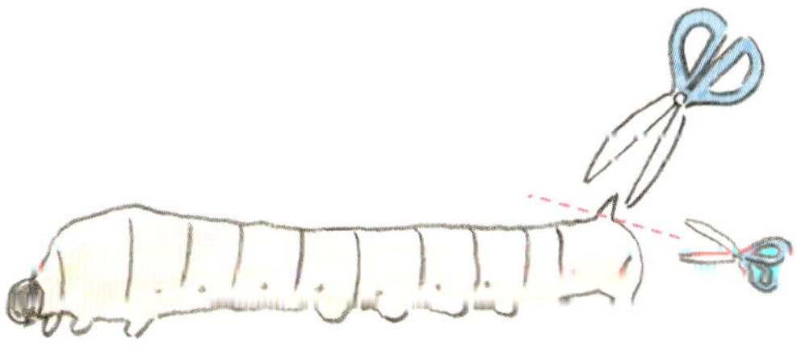

おしりの尾角《びかく》を切《き》ると、穴《あな》ができるので、そこにハサミのせんたんをいれて、うすくうすく切《き》っていく。

やってみよう！

カイコのからだの中《なか》をみてみよう その②

4 皮《かわ》をひろげて、ピンでとめる

せなかを切《き》りおわったら、皮《かわ》のはしをピンセットでつまんでひろげ、6か所《しょ》ほどピンでとめていく。このときも、ピンはまっすぐではなく、ななめにさすこと。

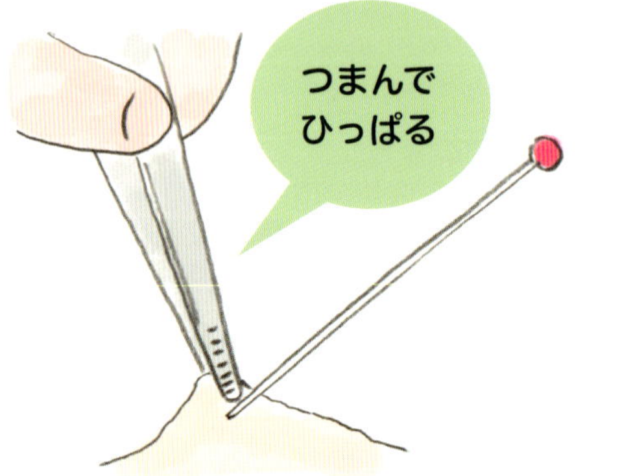
つまんで
ひっぱる

カイコはかせのマメ知識《ちしき》

人間《にんげん》のぞう器《き》とおなじ？ ちがう？

心《しん》ぞう	カイコの心《しん》ぞうは、背脈管《はいみゃくかん》という管《くだ》だ。管《くだ》がポンプの役割《やくわり》をして、からだ全体《ぜんたい》に血《ち》をおくっている。
肺《はい》	カイコに肺《はい》はない。気門《きもん》からとりこんだ空気《くうき》を、からだのすみずみまでのびた気管《きかん》がはこんでいる。
胃《い》と腸《ちょう》	カイコに胃《い》はなくて、4つある腸《ちょう》で、消化《しょうか》している。
じんぞう	マルピーギ管《かん》というのがじんぞうの役割《やくわり》をしていて、いらないものをからだの外《そと》にだすはたらきをしている。
脳《のう》	カイコも、頭《あたま》の中《なか》に、とっても小《ちい》さい脳《のう》がある。
神経《しんけい》	カイコはおなか側《がわ》にある。

失敗例《しっぱいれい》
腸《ちょう》のなかみがでてきてしまった

カイコのせなかの皮《かわ》はとてもうすいので、ちょっと深《ふか》く切《き》ったり、手《て》もとがくるっただけでも、すぐに腸《ちょう》がやぶてしまう。ただ、腸《ちょう》がやぶけても、そのぶぶんをとりのぞけば、ちゃんとほかの器官《きかん》を観察《かんさつ》できるよ。

どんなぞう器《き》があるのかな？

中腸《ちゅうちょう》のそばの
ふわふわした黄色《きいろ》っぽい
かたまりは、
脂肪《しぼう》だよ

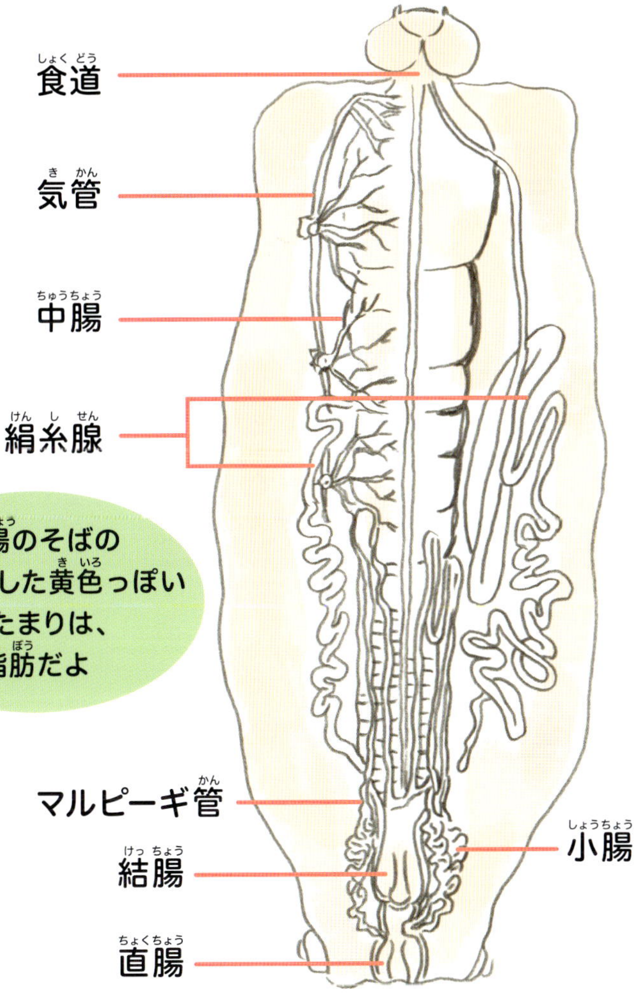
食道《しょくどう》
気管《きかん》
中腸《ちゅうちょう》
絹糸腺《けんしせん》
マルピーギ管《かん》
結腸《けっちょう》
直腸《ちょくちょう》
小腸《しょうちょう》

観察《かんさつ》ポイント

内《ない》ぞうの色《いろ》はどんな色《いろ》？

それぞれの内《ない》ぞうの色《いろ》は、半《はん》とうめいや白《しろ》っぽい。腸《ちょう》のところが緑色《みどりいろ》になっているのは、クワの葉《は》の色《いろ》だ。人工《じんこう》のエサをたべているカイコをかいぼうすると、腸《ちょう》は灰色《はいいろ》っぽい。

血《ち》の色《いろ》はどんな色《いろ》？

カイコの血《ち》の色《いろ》は、とうめいやうすいクリーム色《いろ》だ。カイコには血管《けっかん》がなくて、血《ち》はからだの中《なか》、ぞう器《き》のあいだをながれているんだよ。

カイコどくとくのぞう器《き》？

糸《いと》をつくるぞう器《き》の絹糸腺《けんしせん》は、じつは糸《いと》をつくるこん虫《ちゅう》ならみんなもっている。でも、こんなに大《おお》きくてりっぱな絹糸腺《けんしせん》があるのは、カイコだけだよ。

やってみよう!

カイコのからだの中《なか》をみてみよう その③

テグスをつくってみよう

テグスっていうのは釣《つ》り糸《いと》のことだ。むかしは、カイコの絹糸腺《けんしせん》をつかって、釣《つ》り糸《いと》をつくっていたんだって。カイコをかいぼうしたあと、絹糸腺《けんしせん》をとりだしてテグスづくりにちょうせんしてみよう。

1 絹糸腺《けんしせん》がどこにあるか確認《かくにん》する

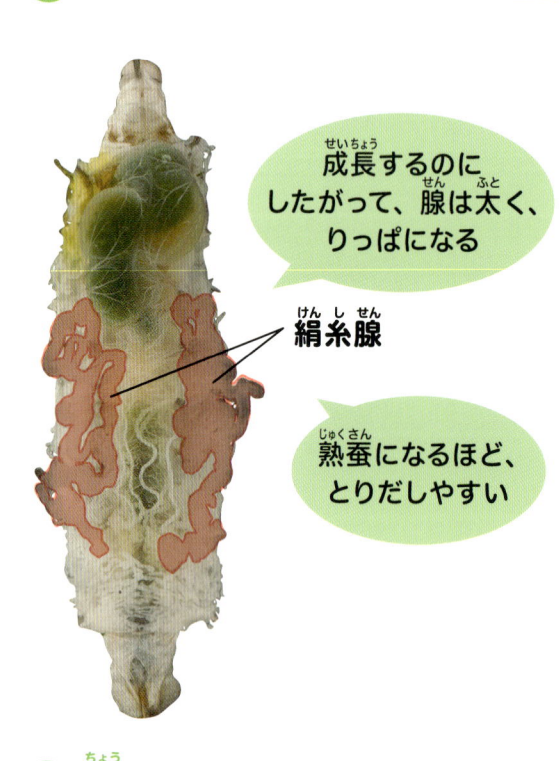

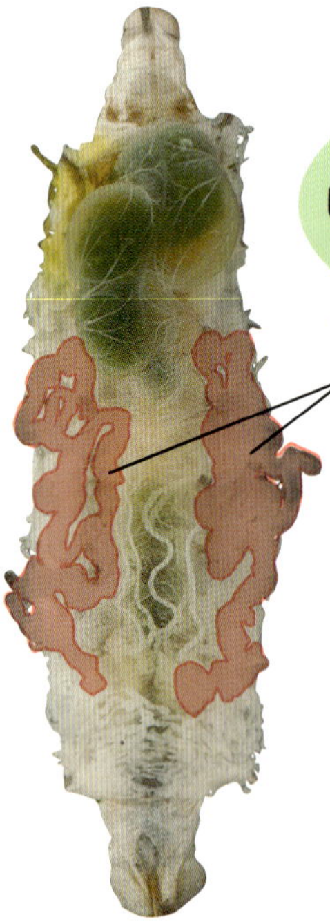
成長《せいちょう》するのに
したがって、腺《せん》は太《ふと》く、
りっぱになる
絹糸腺《けんしせん》
熟蚕《じゅくさん》になるほど、
とりだしやすい

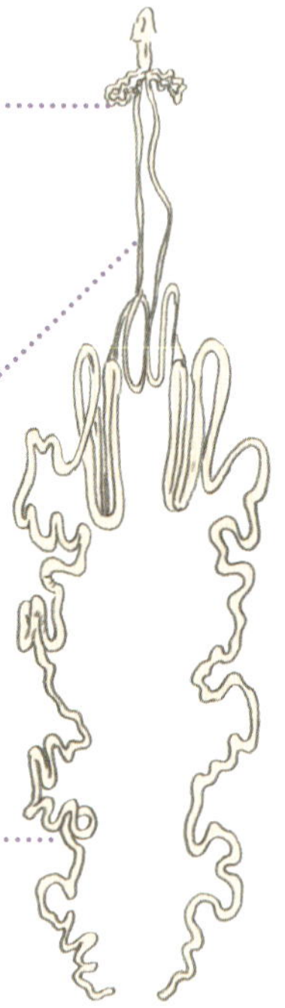

A ここで、左右《さゆう》の絹糸腺《けんしせん》からでてきた糸《いと》が、のりのようなものでくっつけられて、1本《ぽん》になる

B 絹糸腺《けんしせん》からでた液体《えきたい》は、吐糸管《としかん》というところをとおるときにひっぱられて糸《いと》になる

C 絹糸腺《けんしせん》の中《なか》には、糸《いと》のもとになる液体《えきたい》がはいっているんだ

とりだした絹糸腺《けんしせん》

2 腸《ちょう》をとりのぞく

ここを切《き》る
ここを切《き》る

食道《しょくどう》と直腸《ちょくちょう》のところをハサミで切《き》って、腸全体《ちょうぜんたい》をとりのぞく。

とりのぞくと…

腸《ちょう》をとりのぞくと、左右《さゆう》の絹糸腺《けんしせん》がはっきりみえるようになる

3 絹糸腺《けんしせん》を外《そと》にだす

絹糸腺《けんしせん》をピンセットでつまんで、すこしずつからだの外《そと》にひっぱりだす。そっとやらないと切《き》れてしまうので注意《ちゅうい》

4 とりだして、お酢《す》につける

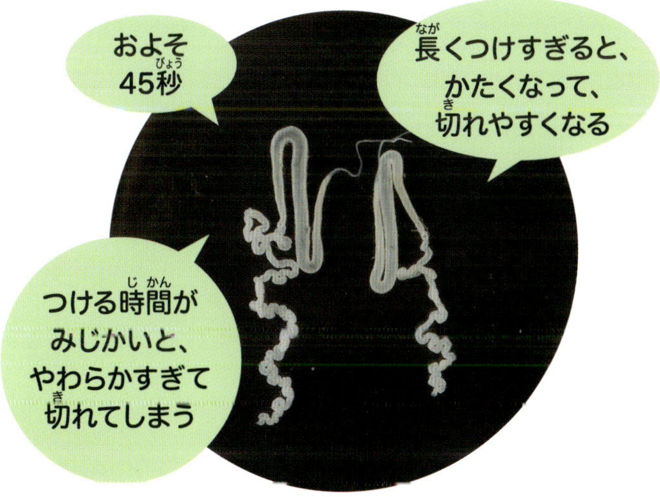
およそ45秒《びょう》
長《なが》くつけすぎると、かたくなって、切《き》れやすくなる
つける時間《じかん》がみじかいと、やわらかすぎて切《き》れてしまう

おおよそ絹糸腺《けんしせん》をひっぱりだせたら、つけねを切《き》って、とりだす。そのあと、すこしのあいだ、お酢《す》につける

5 腺《せん》をひっぱってのばす

腺《せん》のはしを手《て》でもって、すこしずつすこしずつ、ひっぱってのばしていく。そっとやらないと切《き》れるので注意《ちゅうい》

のばしていくと…

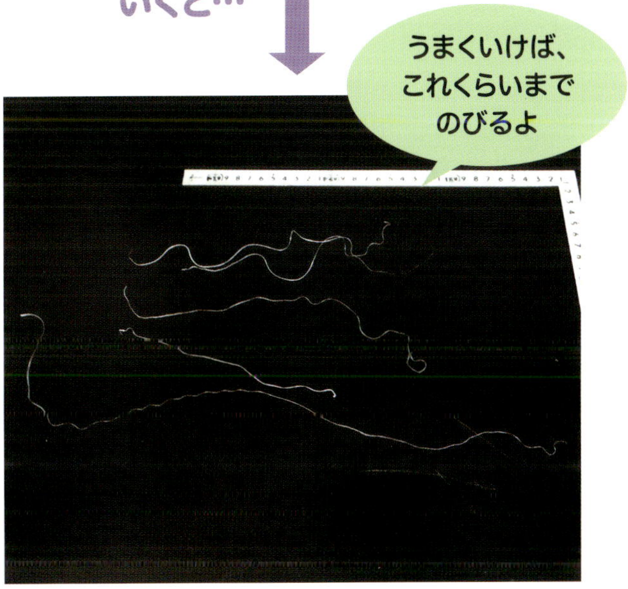
うまくいけば、これくらいまでのびるよ

カイコはかせのマメ知識《ちしき》

プツ
プツ

絹糸腺《けんしせん》から、人工《じんこう》の絹《きぬ》をつくれる？

絹糸腺《けんしせん》からテグスがつくれるなら、絹糸もつくれそうだって？　でも、それはできない。
絹糸腺《けんしせん》からでた「絹糸《きぬいと》のもと」は、吐糸管《としかん》をとおるときに、ひっぱられて、分子《ぶんし》がきれいにならび、糸《いと》になる。人工《じんこう》では、そこまでうまくできないんだって。

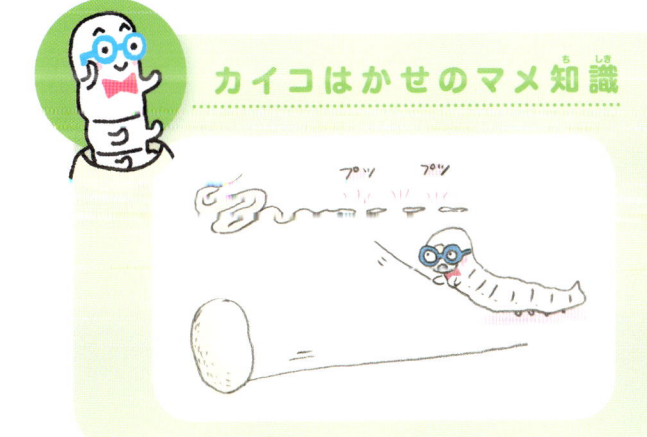

やってみよう！

マユから糸《いと》をとる その①

マユだけみると、これが１本《ぼん》の糸《いと》でてきているなんて、なかなかしんじられないね。でも、自分《じぶん》で糸《いと》をとってみたら、マユは正真正銘《しょうしんしょうめい》、１本《ぼん》の糸《いと》でできていることが実感《じっかん》できるよ。

＊ここでは糸《いと》まき器《き》をつかって糸《いと》をとる方法《ほうほう》をしょうかいするけれど、
べつに糸《いと》まき器《き》がなくても、ひたすら手《て》で糸《いと》をまいてとっていくこともできるよ。

用意《ようい》するもの

糸《いと》をとるのにひつようなもの

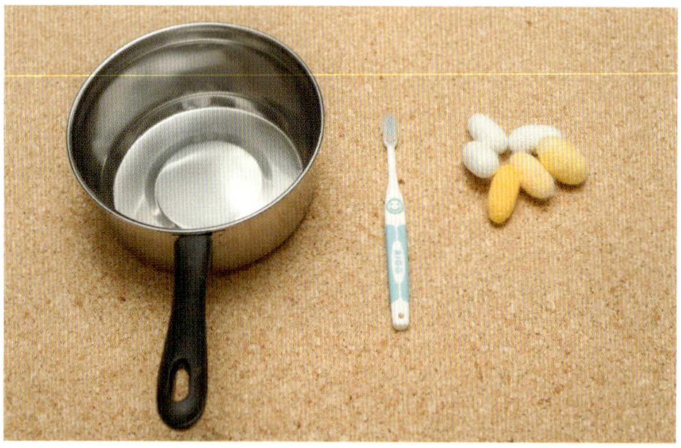

- マユ（カイコがマユをつくりはじめてから10日《か》くらいたったものがよい）
- マユをにるなべ
- 歯《は》ブラシ（つかいふるしのものにしよう）

かんたん！

糸《いと》まき器《き》をつくるのにひつようなもの

- カゴ
（プラスチック製《せい》で、側面《そくめん》に穴《あな》のあいたもの）
- 竹《たけ》ぐし　長《なが》いもの…1本《ぼん》
（バーベキュー用《よう》など30cmくらいのもの）
みじかいもの（15cmくらいのもの）…5～6本《ぼん》
- 500ml のペットボトル
（なるべくくびれていないもの）
- 色紙《いろがみ》（糸《いと》がみえやすいなら、何色《なにいろ》でもいい）
- テープ

じゅんびしよう

マユのまわりについているふわふわしたもの（毛羽《けば》というよ）をとっておく

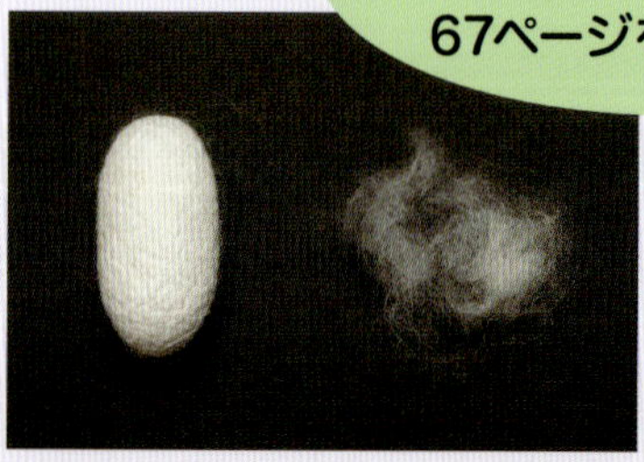

このふわふわした毛羽《けば》も工作《こうさく》につかえるよ。67ページをみてみよう

かんたん!

糸《いと》まき器《き》をつくる

1

あぶないので、
大人《おとな》にやってもらおう。
はんだごてがあると
便利《べんり》

ペットボトルの
ふたと底《そこ》に穴《あな》をあける

穴《あな》に竹《たけ》ぐし（長《なが》いほう）をとおす

2

色紙《いろがみ》をまいて

紙《かみ》はあまり
きつくしめつけないで、
ゆるめにまこう

テープでとめる

3

竹《たけ》ぐしがおなじ
ようなかんかくに
ならぶように

竹《たけ》ぐし（みじかいほう）
を紙《かみ》とペットボトルのあいだに
さしこんでいく

4

できあがり!

カゴの穴《あな》に竹《たけ》ぐし（長《なが》いほう）を
いれてセットする

やってみよう！

マユから糸《いと》をとる その②

① マユを水《みず》からにる

マユがかんぜんにひたるくらいの水《みず》をなべにいれて、マユをにる。マユはかるくてういてしまうので、おとしぶたをしてうかないようにすると、にえやすい。おとしぶたがなければ、そのままにてだいじょうぶ。

どうして水《みず》をくわえるの？

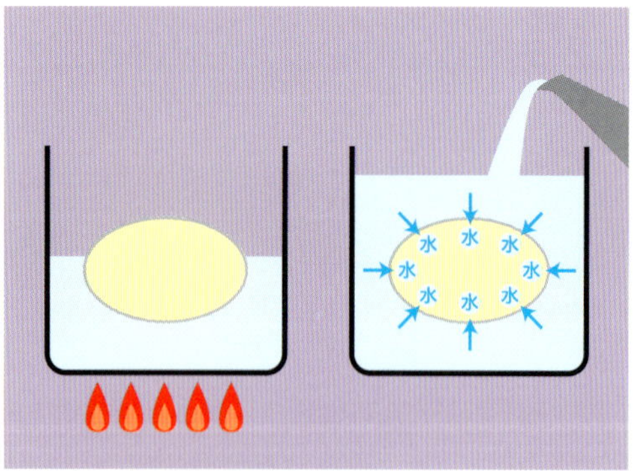
水
水
水
水
水
水
水
水

水《みず》をいれると、マユの中《なか》の空気《くうき》がきゅうにひえて、中《なか》の体積《たいせき》が小《ちい》さくなる。そうすると、マユの中《なか》に水《みず》がはいり、糸《いと》をとりやすくなるんだ。

ふっとうして
1分《ぷん》くらいたったら、
お湯《ゆ》の1／3くらいの
量《りょう》の水《みず》をくわえる
よくにないと、
糸《いと》がほぐれにくい
水《みず》をくわえたら、
火《ひ》をけす

② 糸口《いとぐち》をみつける

お湯《ゆ》の中《なか》で、マユを歯《は》ブラシでこする。そうすると、糸《いと》がほぐれてでてくるよ。ほぐれてきた糸《いと》をひっぱってみよう。とちゅうで切《き》れてしまう糸《いと》もあるけれど、なんどかくりかえすと、かならず、ずっとひきつづけることができる糸《いと》が１本《ぼん》でてくる。

3 糸《いと》をひっぱって、まとめる

それぞれのマユからでてきた糸《いと》をまとめてもつ

4 糸《いと》まき器《き》の紙《かみ》に糸《いと》をくっつける

紙《かみ》の切《き》れ目《め》や
竹《たけ》ぐしのところだと、
くっつきやすい

5 糸《いと》まき器《き》をまわして、糸《いと》をまきとっていく

ここで糸《いと》をもって、
ちょうせつ

糸《いと》をまく場所《ばしょ》がかたよらないように、うまく手《て》をうごかして調節《ちょうせつ》しよう

6 まきおわったら、ペットボトルをカゴからはずして、竹《たけ》ぐしをぬく

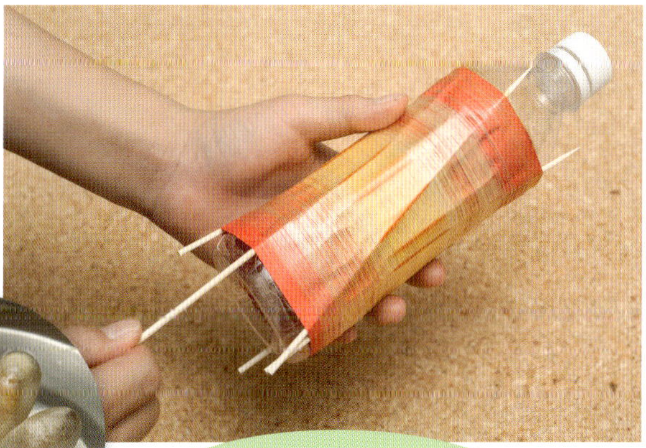

糸《いと》をまきとっていくと、
マユがすけてくるよ！

7 ペットボトルから紙《かみ》ごとはずす

紙《かみ》から糸《いと》を
はずして、完了《かんりょう》！

生糸《きいと》（加工《かこう》していない絹糸《きぬいと》）は、７本《ほん》くらいのマユ糸《いと》を１本《ぽん》の糸《いと》にしたものだよ

まわたをつくってみよう

まわたというのは、マユをよくにてやわらかくしてから、ひきのばしたものだ。絹糸《きぬいと》をとれないマユ（たとえば、2頭《とう》のカイコでつくってしまった玉《たま》マユなど）から、まわたをつくって、布団《ふとん》や防寒服《ぼうかんふく》などにつかったり、つむぎ糸《いと》にしたりしてきたんだ。

用意《ようい》するもの

- **マユ**（カイコがマユをつくりはじめてから10日《か》くらいたったものがよい）
- **マユをにるなべ**
- **大《おお》きめのボウル**
- **じゅうそう**（スーパーのお菓子《かし》の材料《ざいりょう》売《う》り場《ば》や洗剤《せんざい》売《う》り場《ば》などにある）
- **型《かた》にするための CD ケース**（ある程度《ていど》の大《おお》きさがあって、角《かど》がしっかりしている四角《しかく》いものなら、なんでもよい）

サナギをとりだしたあとの
マユもつかえるよ

まわたづくりのステップ

1 マユを水《みず》からにる

マユがかんぜんにひたるくらいの水《みず》をなべにくんで、0.3%くらいの濃《こ》さになるように、じゅうそうをいれ（1ℓの水《みず》だったら、じゅうそうを3ｇ）マユをにる。

ふっとうしない
ギリギリで

このぐらい
ふやけて、
マユがほぐれて
くるまで

弱火《よわび》で
ぐつぐつ

だいたい
30分以上《ぶんいじょう》かかるよ

2 ボウルにお湯《ゆ》ごとあけて、お風呂《ふろ》の温度《おんど》になるくらいまで水《みず》をいれる。

3 マユの中《なか》に指《ゆび》をいれて

切《き》れているマユは、その切《き》り口《くち》から。切《き》れ目《め》がないマユも、とがったはしのほうがよくほぐれているので、そこから親指《おやゆび》とひとさし指《ゆび》をいれる。

大《おお》きくひろげる

マユでふくろをつくるようにしてから、そのまま、いっぱいいっぱいまで指《ゆび》をひろげる。

4 型《かた》をつかって、のばす

指《ゆび》でひろげたマユのはしを型《かた》の上《うえ》の角《かど》にかけてのばし、反対側《はんたいがわ》のはしを下《した》の角《かど》にひっかける。

なんまいか、
くりかえす
上《うえ》にかさねて
いってOK

かわかしたら、できあがり！

小《ちい》さなクッションやマスコット人形《にんぎょう》の中《なか》わたとしてつかえるよ。

いろいろな工作《こうさく》にちょうせん

マユはカッターやハサミでかんたんに切《き》ることができる。色《いろ》や大《おお》きさのちがうマユをくみあわせれば、こんな人形《にんぎょう》もつくれるよ。いろいろ工夫《くふう》してみよう。

マユ人形《にんぎょう》

まゆからとった
毛羽《けば》（62ページ参照《さんしょう》）
でつくれるよ

シルクのしおり

マユからとった毛羽《けば》を水《みず》にひたして、すきな形《かたち》にたたいてのばしてみよう。かわかすと、紙《かみ》みたいになるよ。あなをあけて、ひもをとおしたら、しおりのできあがりだ。

養蚕《ようさん》とシルクロード

人間《にんげん》がカイコをかって、マユから糸《いと》をとる「養蚕《ようさん》」をはじめたのは、4000年《ねん》以上《いじょう》前《まえ》の中国《ちゅうごく》だといわれている。きっと、いい糸《いと》をつくる虫《むし》をみつけた人《ひと》たちが、その虫《むし》をかいならして、糸《いと》をとるようになったんだね。そうして、養蚕《ようさん》がうまれた。
カイコがつくる絹糸《きぬいと》は美《うつく》しく、じょうぶであたたかい。その糸《いと》をつかった織物《おりもの》は人《ひと》びとに愛《あい》され、養蚕《ようさん》はどんどんさかんにおこなわれるようになった。やがて、養蚕《ようさん》でつくられた絹《きぬ》は、ヨーロッパまではこばれていくようになったんだ。

カイコと絹《きぬ》は、この道《みち》をとおってひろがった

絹《きぬ》がはこばれたこの道《みち》を、「絹《きぬ》の道《みち》（シルクロード）」とよぶよ。
シルクロードは、その後《ご》、アジアとヨーロッパをむすぶ、とても重要《じゅうよう》な道《みち》となり、東西《とうざい》のさまざまな文化《ぶんか》が、シルクロードをとおって、伝《つた》えられるようになったんだ。

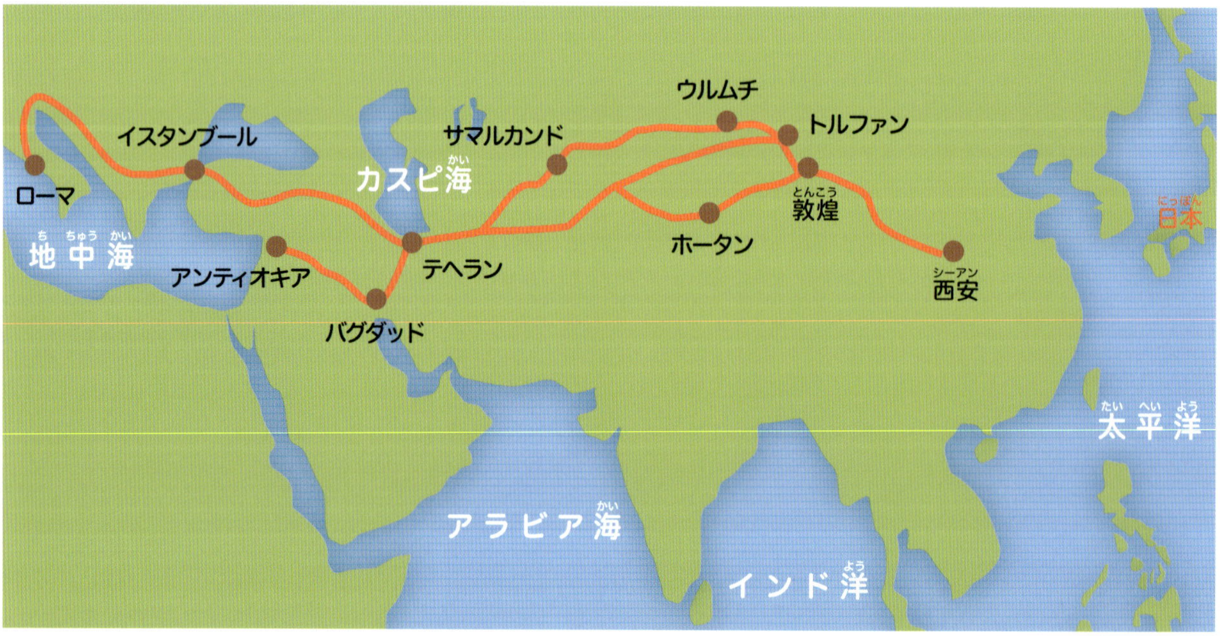

中国《ちゅうごく》にとって、高《たか》いお金《かね》で売《う》れる絹《きぬ》はきちょうな輸出品《ゆしゅつひん》だった。だから、カイコをそだてて絹《きぬ》をとる方法《ほうほう》を、中国《ちゅうごく》はけっしてほかの国《くに》におしえようとしなかった。けれど、養蚕《ようさん》の秘密《ひみつ》も、やがてシルクロードをとおり、6世紀《せいき》ごろにはヨーロッパに伝《つた》えられることとなった。その後《ご》、ヨーロッパでは養蚕《ようさん》がさかんにおこなわれたけれど、19世紀《せいき》、病気《びょうき》がはやってカイコがほぼ全滅《ぜんめつ》じょうたいになってからは、あまりおこなわれなくなった。

世界《せかい》のカイコ事情《じじょう》

現在《げんざい》、養蚕《ようさん》がさかんな国《くに》のベスト10は、右《みぎ》の表《ひょう》のとおりだ。やはり、シルクロードに近《ちか》いアジアが上位《じょうい》にきているのがわかるね。インドやベトナム、タイなど、アジアの南《みなみ》のほうは、気候《きこう》があたたかくて、クワの葉《は》が１年中《ねんじゅう》あるから、１年《ねん》をとおしてカイコをかうことができるんだ。

日本《にっぽん》もむかしは、1位《い》や2位《い》になるほど養《よう》蚕《さん》がさかんだったけれど、外国《がいこく》でやすい生糸《きいと》がつくられるようになって、利益《りえき》があまりでなくなったため、養蚕《ようさん》はしだいにおとろえてしまった（日本《にっぽん》の養蚕《ようさん》については、70～75ページを読《よ》んでみよう）。

ベスト10の国《くに》はほとんどは、シルクロードのあるユーラシア大陸《たいりく》にあるけれど、ひとつだけ、とても遠《とお》い大陸《たいりく》の国《くに》があるね――そう、ブラジルだ。ブラジルの養蚕《ようさん》は、イタリアと日本《にほん》からきた移民《いみん》が発展《はってん》させたんだよ。

世界養蚕《せかいようさん》ランキング

2010年《ねん》に養蚕《ようさん》でマユがどれだけとれたか
ランキングにしてみたよ

1位《い》	中国《ちゅうごく》	617,915トン	
2位《い》	インド	131,924トン	
3位《い》	ベトナム	21,000トン	
4位《い》	ウズベキスタン	20,000トン	
5位《い》	タイ	4,655トン	
6位《い》	ブラジル	4,439トン	
7位《い》	イラン	1,185トン	
8位《い》	日本《にっぽん》	265トン	
9位《い》	インドネシア	161トン	
10位《い》	トルコ	140トン	

「2013年《ねん》シルクレポート」より

カイコはかせのマメ知識《ちしき》

カイコを密輸《みつゆ》

中国《ちゅうごく》がかくしていた養蚕《ようさん》やカイコの秘密《ひみつ》を、ヨーロッパの国《くに》はなんとしてでも手《て》にいれたかった。だから、550年《ねん》ころ、東《ひがし》ローマ帝国《ていこく》の王《おう》さまは、ふたりの修道士《しゅうどうし》をスパイとして中国《ちゅうごく》におくりこんだんだ。修道士《しゅうどうし》たちはなんと、中《なか》をくりぬいた杖《つえ》にカイコを数《すう》頭《とう》いれて、国《くに》にもってかえったんだって。その数頭《すうとう》のカイコから、ヨーロッパの養蚕《ようさん》は発《はっ》展《てん》したんだよ。

日本《にっぽん》の養蚕《ようさん》

中国《ちゅうごく》ではじまった養蚕《ようさん》は、日本《にっぽん》にも伝《つた》わってきた。紀元前《きげんぜん》200年《ねん》ごろの弥生時代《やよいじだい》に、稲作《いなさく》といっしょに大陸《たいりく》からはいってきたといわれているよ。その後《ご》、養蚕《ようさん》は日本各地《にっぽんかくち》にひろまって、時代《じだい》をおうごとに発展《はってん》していった。そして、明治時代《めいじじだい》になると、国《くに》の近代化《きんだいか》をささえる、いちばんだいじな産業《さんぎょう》になったんだ。日本《にっぽん》が先進国《せんしんこく》として発展《はってん》したのも、カイコのおかげかもしれないね。

卑弥呼《ひみこ》からのおくりもの

日本《にっぽん》に伝《つた》えられた養蚕《ようさん》は、邪馬台国《やまたいこく》の女王《じょおう》、卑《ひ》弥呼《みこ》の時代《じだい》にはしっかりねづいていたようだ。中《ちゅう》国《ごく》の歴史書《れきししょ》、『魏志倭人伝《ぎしわじんでん》』の中《なか》に、卑弥呼《ひみこ》から魏《ぎ》の国《くに》の皇帝《こうてい》へ、絹《きぬ》がおくられたという記述《きじゅつ》があるよ。奈良《なら》・平安時代《へいあんじだい》には、絹織物《きぬおりもの》もたくさんつくられるようになったけれど、このころの絹織物《きぬおりもの》はとてもきちょうで、いっぱんの人《ひと》には手《て》のとどかないものだった。一部《いちぶ》の身分《みぶん》の高《たか》い人《ひと》たちのものだったんだ。その時代《じだい》のたからものがおさめられている正倉院《しょうそういん》には、朝廷《ちょうてい》におくられた絹織物《きぬおりもの》がいまも保管《ほかん》されているよ。

全国的《ぜんこくてき》にひろまっていた養蚕《ようさん》が、さらに力《ちから》をいれておこなわれるようになったのは、江戸時代《えどじだい》だ。右《みぎ》の絵《え》は、江戸時代《えどじだい》の有名《ゆうめい》な絵師《えし》、喜多川歌麿《きたがわうたまろ》がかいた浮世絵《うきよえ》だ。カイコをそだてて糸《いと》をとるまでがなんまいにもわたってかかれているんだ。有名《ゆうめい》な絵師《えし》が題材《だいざい》にするほど、江戸時代《えどじだい》には養蚕《ようさん》がさかんにおこなわれていたんだね。

江戸時代《えどじだい》の養蚕《ようさん》のようす

文《ぶん》明《めい》開《かい》化《か》とカイコ

明治時代《めいじじだい》はじめの養蚕《ようさん》のようす（横浜開港資料館所蔵《よこはまかいこうしりょうかんしょぞう》）

明治時代《めいじじだい》になると、養蚕《ようさん》をおこなう農家《のうか》の数《かず》はひやくてきにふえた。明治政府《めいじせいふ》が、国《くに》をあげて、生糸《きいと》* をつくらせようとしたからだ。江戸時代《えどじだい》の鎖国《さこく》をとき、外国《がいこく》との貿易《ぼうえき》をはじめた日本《にっぽん》にとって、生糸《きいと》はいちばん重要《じゅうよう》な輸出品《ゆしゅつひん》だった。ぜんぶの輸出品《ゆしゅつひん》の60%をしめていたんだ。生糸《きいと》を外国《がいこく》に売《う》ってお金《かね》をもうけ、そのお金《かね》で、外国《がいこく》のすすんだ製品《せいひん》や機械《きかい》を買《か》おうとしたんだね。

カイコはかせのマメ知識《ちしき》

皇居《こうきょ》の中《なか》のカイコ

なんと、皇居《こうきょ》の中《なか》にも、蚕室《さんしつ》（カイコをそだてる場所《ばしょ》）があって、明治時代《めいじじだい》から、カイコがかわれている。そして、春《はる》から初夏《しょか》にかけて、皇后陛下《こうごうへいか》が、掃立《はきた》て（ふ化《か》したばかりのカイコをクワの上《うえ》にうつすこと）や給桑《きゅうそう》（クワをあげること）・上蔟《じょうぞく》（マユをつくるばしょにカイコをうつすこと）、マユかき（マユをあつめること）など、いろいろな養蚕《ようさん》の作業《さぎょう》をされているんだ。皇居《こうきょ》のカイコがつくる絹糸《きぬいと》は，正倉院《しょうそういん》にある絹織物《きぬおりもの》の復元《ふくげん》や、宮中祭祀《きゅうちゅうさいし》や外国元首《がいこくげんしゅ》へのおくりものなどにつかわれているよ。

ご給桑《きゅうそう》をなさる
皇后陛下《こうごうへいか》
（画像提供《がぞうていきょう》　宮内庁《くないちょう》）

＊生糸《きいと》…マユをほどき、数本《すうほん》まとめて、よりあわせた糸《いと》

製糸業《せいしぎょう》のたい頭《とう》

明治時代《めいじじだい》のはじめ、養蚕《ようさん》とともにひやくてきに発展《はってん》したのが、製糸業《せいしぎょう》——カイコのマユから生糸《きいと》をつくる産業《さんぎょう》だ。明治政府《めいじせいふ》が、もはんとなる国営《こくえい》の製糸工場《せいしこうじょう》を群馬県《ぐんまけん》につくると、そのあと、つぎつぎに民営《みんえい》の製糸工場《せいしこうじょう》がたんじょうしていったんだ。

日本《にっぽん》のシルクロード

製糸工場《せいしこうじょう》は、関東地方《かんとうちほう》や中部地方《ちゅうぶちほう》を中心《ちゅうしん》につくられた。近《ちか》くに養蚕農家《ようさんのうか》がたくさんあって、ひろい土地《とち》や、生糸《きいと》をつくるのにひつような豊富《ほうふ》な水《みず》と燃料《ねんりょう》があるばしょにつくられたんだ。そして、工場《こうじょう》でつくられた生糸《きいと》は、外国《がいこく》に輸出《ゆしゅつ》するために、横浜《よこはま》にはこばれた。製糸工場《せいしこうじょう》がある各地域《かくちいき》と横浜《よこはま》をむすぶルートは、のちに「絹《きぬ》の道《みち》」＝「日本《にっぽん》のシルクロード」とよばれたよ。

明治時代《めいじじだい》の絹《きぬ》の道《みち》（横浜開港資料館所蔵《よこはまかいこうしりょうかんしょぞう》）

生糸《きいと》はウマのせなかにつまれたり、ウマがひく荷車《にぐるま》にのせられてはこばれた。上《うえ》の写真《しゃしん》は、明治《めいじ》時代《じだい》はじめの東京都《とうきょうと》八王子《はちおうじ》付近《ふきん》の絹《きぬ》の道《みち》だ。こういう道《みち》をとおって、生糸《きいと》ははこばれていたんだね。

でも、そのうち、養蚕《ようさん》や製糸業《せいしぎょう》にたずさわっている人《ひと》たちから、鉄道《てつどう》をつくってほしいという声《こえ》があがるようになった。そして、明治《めいじ》22年《ねん》（1889年《ねん》）になると現在《げんざい》の中央線《ちゅうおうせん》が、明治《めいじ》41年《ねん》（1908年《ねん》）になると横浜線《よこはません》が、生糸《きいと》を横浜《よこはま》にはこぶためにつくられたんだ。

富岡製糸場《とみおかせいしじょう》

2014年《ねん》「富岡製糸場《とみおかせいしじょう》と絹産業遺産群《きぬさんぎょういさんぐん》」は世界遺産《せかいいさん》に文化遺産《ぶんかいさん》として登録《とうろく》された

錦絵《にしきえ》「上州富岡製糸場《じょうしゅうとみおかせいしじょう》」（画像提供《がぞうていきょう》　富岡市《とみおかし》・富岡製糸場《とみおかせいしじょう》）

外国《がいこく》との貿易《ぼうえき》と交流《こうりゅう》を再開《さいかい》した明治政府《めいじせいふ》は、いそいで近代化《きんだいか》をすすめようとした。「殖産興業《しょくさんこうぎょう》」*を政《せい》府《ふ》の方針《ほうしん》にしたんだ。その手《て》はじめとして、明治《めいじ》5年《ねん》（1872年《ねん》）に、もはんとなるような製糸工場《せいしこうじょう》を群馬県《ぐんまけん》の富岡《とみおか》につくった。

富岡製糸場《とみおかせいしじょう》では、外国《がいこく》のすすんだ機械《きかい》をとりいれ、外国人《がいこくじん》の指導《しどう》のもと、全国《ぜんこく》から集《あつ》められた、13～25才《さい》の女性《じょせい》たちが、作業《さぎょう》にあたった。この工場《こうじょう》で製糸技術《せいしぎじゅつ》をまなんだ人《ひと》たちが、日本各地《にほんかくち》にその技《ぎ》術《じゅつ》を伝《つた》えていって、日本《にほん》の製糸業《せいしぎょう》をささえたんだ。

富岡製糸場《とみおかせいしじょう》は、「外国《がいこく》からとりいれた技術《ぎじゅつ》をひろめる」という目的《もくてき》をはたすと、民間《みんかん》にはらいさげられ、その後《ご》、昭和《しょうわ》62年《ねん》（1987年《ねん》）に閉鎖《へいさ》されるまで、製糸工場《せいしこうじょう》としてずっと操業《そうぎょう》しつづけたよ。

べつの製糸工場《せいしこうじょう》の中《なか》のようす（横浜開港資料館所蔵《よこはまかいこうしりょうかんしょぞう》）

カイコはかせのマメ知識《ちしき》

「富岡日記」

富岡製糸場《とみおかせいしじょう》ではたらいていた和田英《わだえい》さんがのこした日記《にっき》によると、工場《こうじょう》ではたらく工女《こうじょ》たちの労働時間《ろうどうじかん》は1日《にち》およそ8時間《じかん》、日曜日《にちようび》と年末年始《ねんまつねんし》は休《やす》み。夏《なつ》休《やす》みもあった。月給《げっきゅう》は等級別《とうきゅうべつ》で、1等《とう》1円《えん》75銭《せん》、2等《とう》1円《えん》50銭《せん》、3等《とう》1円《えん》（お米《こめ》10kgのねだんはおよそ30銭《せん》）。でも、民間《みんかん》の製糸工場《せいしこうじょう》の月給《げっきゅう》はもっとやすかったし、待遇《たいぐう》もわるかったんだよ。

＊殖産興業《しょくさんこうぎょう》　生産《せいさん》をふやして、産業《さんぎょう》をおこすこと

養《よう》蚕《さん》農《のう》家《か》のうつりかわり

明治時代《めいじじだい》にきゅうげきにふえた養蚕農家《ようさんのうか》の数《かず》は、昭和《しょうわ》にはいったころ、ピークをむかえる。そのころ、農家《のうか》の５軒《けん》に２軒《けん》は養蚕《ようさん》をしていた。けれど、世界的《せかいてき》な大不況《だいふきょう》や第《だい》２次世界大戦《じせかいたいせん》（1939 ～ 1945年《ねん》）の影響《えいきょう》、いろいろな変化《へんか》で、その数《かず》はどんどんへっていった。

養《よう》蚕《さん》農《のう》家《か》のしごと

このかこいの中《なか》に、カイコがおよそ15000頭《とう》いる

この中《なか》はこんなふう

養蚕農家《ようさんのうか》では、卵《たまご》からカイコをそだてることもあるけれど、ほとんどは3令《れい》くらいからそだてている。卵《たまご》や幼令《ようれい》カイコは、研究所《けんきゅうじょ》や農協《のうきょう》、業者《ぎょうしゃ》から、ちゃんと病気《びょうき》の検査《けんさ》をうけたものを買《か》いうける。そだてるカイコの数《かず》は農家《のうか》や季節《きせつ》によってちがうけれど、1回《かい》につき５～６万頭《まんとう》のところがおおいようだ。

養蚕農家《ようさんのうか》では、クワ畑《はたけ》からクワをとってきてカイコにあたえ、飼育場所《しいくばしょ》をせいけつにたもちながら、熟蚕《じゅくさん》までそだてる。そして、もう糸《いと》をはくぞというころになると、回転《かいてん》まぶし※に移動《いどう》させ、カイコがぶじにマユをつくると、製糸工場《せいしこうじょう》に出荷《しゅっか》するんだ。

カイコをかうのは、春《はる》・夏《なつ》・秋《あき》。いまは夏《なつ》があつすぎて、カイコが病気《びょうき》になりやすいので、春《はる》と秋《あき》にかうことがおおいよ。

※ 回転《かいてん》まぶし。カイコがいっかしょに集《あつ》まってマユをつくろうとすると、その重《おも》みでまぶしが回転《かいてん》して、カイコをうまくちらばせられるようになっている。

現在《げんざい》の養蚕農家《ようさんのうか》

農家《のうか》の5軒《けん》に2軒《けん》は養蚕《ようさん》をしていた昭和《しょうわ》のはじめには、養蚕農家《ようさんのうか》の数《かず》はおよそ220万軒《まんけん》もあったという。その後《ご》、不況《ふきょう》と戦争《せんそう》が原因《げんいん》できゅうげきにへったあと、一時《いちじ》もりかえしはしたものの、養蚕農家《ようさんのうか》の数《かず》は年《とし》をおうごとにすくなくなっていった。昭和《しょうわ》50（1975）年《ねん》の養蚕農家《ようさんのうか》は約《やく》25万《まん》軒《けん》になっているから、ピーク時《じ》のおよそ1／10だね。さらに、昭和《しょうわ》60（1985）年《ねん》には約《やく》10万軒《まんけん》、平成《へいせい》7（1995）年《ねん》には1万《まん》4000軒《けん》、平成《へいせい》17（2005）年《ねん》には約《やく》1500軒《けん》、平成《へいせい》24（2012）年《ねん》にはとうとう571軒《けん》になってしまった。* けれど、日本《にっぽん》は、すぐれた蚕《かいこ》の品種《ひんしゅ》と、それぞれの農家《のうか》の高《たか》い技術《ぎじゅつ》を武器《ぶき》にして、海外《かいがい》の安《やす》い絹《きぬ》に対抗《たいこう》しているんだよ。

* 「2013年《ねん》シルクレポート」より

むかしは、こんなクワ畑《ばたけ》があちこちにあった

カイコの未来《みらい》

カイコはずっと「絹《きぬ》をつくるこん虫《ちゅう》」と考《かんが》えられてきた。でも、じつはいま、カイコはいろいろなことに利用《りよう》されている。カイコがつくる絹《きぬ》の成分《せいぶん》から、せんい以外《いがい》のものがつくられたり、最新《さいしん》のバイオテクノロジーの研究《けんきゅう》に役《やく》だったり……。日本《にっぽん》の養蚕《ようさん》は衰退《すいたい》してきたと説明《せつめい》したけれど、カイコの未来《みらい》はいろいろな方向《ほうこう》にひらかれているんだ。

絹《きぬ》のすぐれたタンパク質《しつ》

カイコがつくる糸《いと》は、タンパク質《しつ》でできている。そのタンパク質《しつ》はとても質《しつ》がよくて、保湿性《ほしつせい》や保温性《ほおんせい》にすぐれ、さらに、人間《にんげん》のからだによくなじむんだ。そのため、わりあいむかしから、カイコの糸《いと》のタンパク質《しつ》をつかって、手術用《しゅじゅつよう》の糸《いと》がつくられてきた。

さいきんではそのタンパク質《しつ》から、酸素《さんそ》をとおすコンタクトレンズや、コーティング素材《そざい》、化粧品《けしょうひん》などがつくられている。きかいがあったら、マユをお湯《ゆ》でやわらかくして、肌《はだ》をマッサージしてごらん。肌《はだ》がきれいになるといわれているよ。

また、カイコの糸《いと》のタンパク質《しつ》が人間《にんげん》のからだになじむことを生《い》かして、人工《じんこう》のひふや血管《けっかん》などをつくる研究《けんきゅう》もすすんでいるんだ。

生物学《せいぶつがく》・遺伝学《いでんがく》に役《やく》だつカイコ

カイコはかいやすいこん虫《ちゅう》で、おなじ性質《せいしつ》のものをたくさんたんじょうさせて飼育《しいく》できる。そのため、むかしから生物学《せいぶつがく》や遺伝学《いでんがく》の分野《ぶんや》で、実験材料《じっけんざいりょう》にされてきた。ホルモンがどういうはたらきをするかなど、カイコのおかげで発見《はっけん》されたこともたくさんある。いまは、マウスにかわるものとして、病気《びょうき》の研究《けんきゅう》にも利用《りよう》されているんだ。

バイオテクノロジーと遺伝子《いでんし》くみかえ

右《みぎ》の写真《しゃしん》をみてみよう。黄色《きいろ》いマユはメス、白《しろ》いマユはオスだ。メスのマユはすべて黄色《きいろ》に、オスのマユはすべて白《しろ》くなるよう、染色体《せんしょくたい》*と遺《い》伝子《でんし》をいじったんだ。

放射線《ほうしゃせん》をあてると、染色体《せんしょくたい》の一部《いちぶ》が切《き》れてとれ、べつの染色体《せんしょくたい》にくっつく。どの染色体《せんしょくたい》が切《き》れて、どの染色体《せんしょくたい》にくっつくかは、わからない。ほとんど、運《うん》しだいだ。でも、たくさんのカイコをつかって実験《じっけん》すれば、かならず、マユの色《いろ》を決《き》める染色体《せんしょくたい》が切《き》れて、オスとメスを決《き》める染色《せんしょく》体《たい》にくっつくケースがでてくるんだ。

こんなふうに染色体《せんしょくたい》や遺伝子《いでんし》をいじって、人《にん》間《げん》の役《やく》にたつものをつくりだす技術《ぎじゅつ》をバイオテクノロジーという。カイコはバイオテクノロジーのかっこうの材料《ざいりょう》なんだ。たとえば、カイコの遺伝《いでん》子《し》にべつの遺伝子《いでんし》をいれることによって、絹《きぬ》をつくるタンパク質《しつ》のかわりに、人間《にんげん》が必要《ひつよう》とする薬《くすり》や抗体《こうたい》*などをつくるカイコをたんじょうさせる研究《けんきゅう》がすすめられているんだよ。

性別《せいべつ》によって色《いろ》がちがうマユ（左《ひだり》♂：右《みぎ》♀）

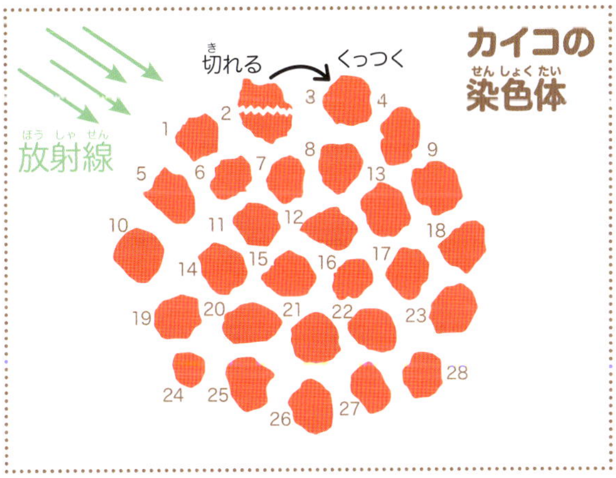

カイコはかせのマメ知識

メンデルの法則《ほうそく》

オーストリアの学者《がくしゃ》グレゴリー・メンデル（1822～1884年《ねん》）はエンドウ豆の研究《けんきゅう》をしていたときに、遺伝《いでん》には3つの法則《ほうそく》があるということを発見《はっけん》した。たとえば、血液型《けつえきがた》がA型《がた》のお父《とう》さんとO型《がた》のお母《かあ》さんからは、A型《がた》かO型《がた》の子《こ》どもしかうまれないよね。メンデルは、遺伝《いでん》にはそんなふうに法則があるということをつきとめたんだよ。

メンデル

雑種強勢《ざっしゅきょうせい》

雑種強勢《ざっしゅきょうせい》というのは、ちがう種類《しゅるい》をかけあわせると、子《こ》どもの生命力《せいめいりょく》が親《おや》よりも強《つよ》くなること。この法則《ほうそく》は、外山亀太郎《とやまかめたろう》という学者《がくしゃ》が、カイコを研究《けんきゅう》していて発見《はっけん》して、その後《ご》、養蚕《ようさん》に利用《りよう》された。外山《とやま》亀太郎《かめたろう》は、メンデルの法則《ほうそく》が動物《どうぶつ》にもあてはまることを、カイコをつかって世界《せかい》ではじめてつきとめた人《ひと》でもあるんだ。

外山亀太郎《とやまかめたろう》

＊染色体《せんしょくたい》　遺伝情報《いでんじょうほう》をつたえる器官《きかん》
＊抗体《こうたい》　細菌《さいきん》やウイルスがからだの中《なか》にはいってきたときに、それを撃退《げきたい》しようとするタンパク質《しつ》

カイコや養蚕《ようさん》に関連《かんれん》したしせつ

▶ひころの里《さと》　シルク館《かん》

〒986-0782　宮城県本吉郡南三陸町入谷字桜沢442　TEL 0226-46-4310
http://www.m-kankou.jp/facility/hikoro/

▶かわまたおりもの展示館《てんじかん》

〒960-1406　福島県伊達郡川俣町大字鶴沢字東13-1　TEL 024-565-4889

▶群馬県立日本絹《ぐんまけんりつにっぽんきぬ》の里《さと》

〒370-3511　群馬県高崎市金古町888番地の1　TEL 027-360-6300
http://www.nippon-kinunosato.or.jp/

▶富岡製糸場《とみおかせいしじょう》

〒370-2316　群馬県富岡市富岡1-1　TEL 0274-64-0005
http://www.tomioka-silk.jp/hp/index.html

▶東京農工大学科学博物館《とうきょうのうこうだいがくかがくはくぶつかん》

〒184-8588 東京都小金井市中町2-24-16　TEL 042-388-7163
http://www.tuat.ac.jp/~museum/

▶絹《きぬ》の道資料館《みちしりょうかん》

〒192-0375 東京都八王子市鑓水989-2　TEL 042-676-4064
http://www.city.hachioji.tokyo.jp/shisetsu/28254/028262.html

▶シルク博物館《はくぶつかん》

〒231-0023　神奈川県横浜市中区山下町1番地　シルクセンター 2階　TEL 045-641-0841
http://www.silkmuseum.or.jp/main/

▶安曇野市天蚕《あずみのしてんさん》センター

〒399-8301 長野県安曇野市穂高有明3618-24　TEL 0263-83-3835
http://tensan.jp/center/center.html

▶駒ヶ根《こまがね》シルクミュージアム

〒399-4321　長野県駒ヶ根市東伊那482番地　TEL 0265-82-8381
http://www.cek.ne.jp/~shiruku/

▶グンゼ博物苑《はくぶつえん》

〒623-0011京都府綾部市青野町・グンゼ(株)　周辺敷地内　TEL 0773-42-3181（月～金）
TEL 0773-43-1050（土・日）
http://www.gunze.co.jp/gunzehakubutu/

▶上垣守国養蚕資料館《うえがきもりくにようさんしりょうかん》

〒667-0321兵庫県養父市大屋町蔵垣246-2　TEL 079-669-1580

▶野村《のむら》シルク博物館《はくぶつかん》

〒797-1212　愛媛県西予市野村町野村8-177-1　TEL 0894-72-3710

さくいん

撮影・写真協力…八王子長田養蚕
東京農工大学
宮内庁
横浜開港資料館
富岡市富岡製糸場
取材協力…………八王子長田養蚕
東京農工大学蚕学研究室

おもな参考資料

「シルクレポート」大日本蚕糸会
『うまれたよ！カイコ（よみきかせ いきものしゃしんえほん12)』小杉みのり・著／新開孝・写真)
『おかいこさま―むかしの「蚕飼い」(ふるさとを見直す絵本(3)』みなみ信州農業協同組合・著・肥後耕寿・イラスト（農山漁村文化協会)
『カイコ―まゆからまゆまで（科学のアルバム）』岸田功・(あかね書房)
『カイコ(いのちのかんさつ)』中山れいこ／アトリエモレリ・著／赤井弘・監修（少年写真新聞社)
『カイコと教育・研究（昆虫利用科学シリーズ)』森精・著（サイエンスハウス)
『カイコの絵本(そだててあそぼう)』きうちまこと・編集／もとくにこ・イラスト
(農山漁村文化協会)
『皇后陛下古希記念　皇后さまの御親蚕―皇后さまが育てられた蚕が正倉院宝物をよみがえらせた』(扶桑社)
『自然の中の人間シリーズ 昆虫と人間編 (4)』梅谷献二・著（農山漁村文化協会)
『ドキドキワクワク生き物飼育教室〈4〉かえるよ！カイコ』アトリエモレリ・著／久居宣夫・監修（リブリオ出版)

撮影…ナカムラユウコ
イラスト…石川えりこ
装丁・デザイン…鈴木恵美（gould）
編集…浜本律子

大研究
カイコ図鑑

2014年 7 月15日　初版 第1刷発行
2023年10月10日　初版 第5刷発行

監修…東京農工大学蚕学研究室　横山岳
編集…国土社編集部
発行…株式会社　国土社
〒101-0062　東京都千代田区神田駿河台2-5
TEL　03-6272-6125
FAX　03-6272-6126
ホームページ　http://www.kokudosha.co.jp
印刷…瞬報社写真印刷株式会社
製本…株式会社 難波製本

NDC　630　486　467　80p　29cm
ISBN978-4-337-27901-8　C8340